U0059984

大都會文化
METROPOLITAN CULTURE

大都會文化
METROPOLITAN CULTURE

大都會文化
METROPOLITAN CULTURE

大都會文化
METROPOLITAN CULTURE

細節決定你3年後的成敗

魔鬼就藏在細節裡

掌控細節就是掌握自己的人生!

編者序

在現實生活中，無論做大事或小事，只有注重每一個細節，才能獲得最好的結果。那些考慮到細節、注重細節的人，總是給人一種非常認真的印象，讓人值得信賴；他們總是能夠將事情做得盡善盡美，從而取得非凡的成就，走上美好的生活之路。

此書名為《細節，決定你三年後的成敗》，為什麼是三年？為什麼不是五年、十年呢？還記得嗎？對每個在台灣這塊寶地生長的孩子，從小到大每三年就像是一個循環。國中三年，你的成敗取決於高中；高中三年，你的成敗取決於大學；大學四年，你的成敗取決於工作。如此的循環模式，我們可以看出，從國中甚至更小開始，就已經在為你往後的人生成敗打下基礎。

如果我們從小就能注意到生活周遭所發生的細節，觀察到生活周遭微小的變化，是否我們也可以變成愛因斯坦第二，或是比爾•蓋茲第二呢？有一對雙胞胎，從小到大車子就是他們最喜歡的玩具，長大後也一起就讀汽修相關科系。但哥哥在玩車之餘，還會注意到有關車子的零件、保養等一些小細節，除了會觀看賽車比賽外，甚至會主動報名參加；而只注重速度感的弟弟，每晚總跟著一票人在山路、市區中飆車，還不時發生大大小小的車禍意外，把自己跟愛車弄得傷痕累累。最後，哥哥成為國際知名的賽車手，弟弟則因飆車撞死人而入監服刑。

許多時候，人並不是被大事打倒的，而是敗在一些不起眼的細節上，正所謂「千里之堤，潰於蟻穴」。細節之中往往隱藏著決定事情成敗的玄機，一個個小細節構成了人的一生，決定著一個人的成與敗、喜與悲。

過去，許多人可能會教你「大事化小，小事化無」以博得短暫的安逸，但這本書要教你「小題大做，牛刀殺雞」，讓你的生活片刻不得安寧，唯有如此，你才能在競爭如此激烈的現代脫穎而出。人與人的競爭，不光是由基礎和實力決定的，更是取決於對細節的掌握，看誰能夠通過細節佔得先機，看誰最先發現那些蘊藏於細節中的機會，從中找到制勝的突破口。

二十世紀，世界四位最偉大的建築師之一——密斯‧凡德羅，當他被人問起成功的原因時，他只說了五個字：「細節是魔鬼。」密斯認為，不管是多麼恢弘大氣的建築設計方案，如果對細節的掌握不到位，就不能算是一個成功的設計。

海爾總裁張瑞敏說過：「把每一件簡單的事做好就是不簡單，把每一件平凡的事做好就是不平凡。」海爾集團正是本著這種對細節的尊重精神，進而帶領整個集團從平凡走向輝煌。

老子說：「天下難事，必做於易；天下大事，必做於細。」可見，無論做人、做事，都要注重細節，從小事做起。

本書透過典型事例和精彩剖析，全方位地闡述了注重細節在人們生活各個方面的重要性，同時也詳盡地闡述了細節對於人生的意義，匡正了人們對細節的認識和態度，告訴人們如何去認識細節、把握細節、技巧性地處理好各種細節。希望能對廣大讀者有所裨益。

目錄

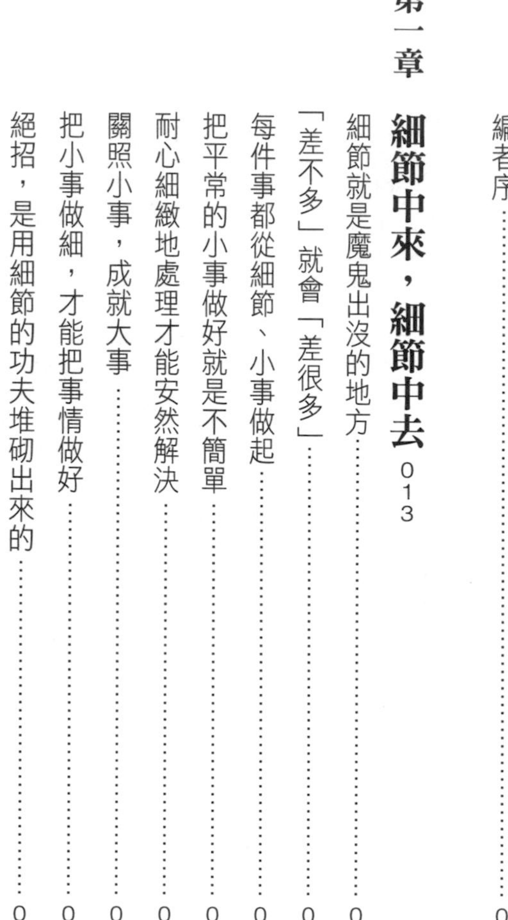

編者序……007

第一章 細節中來，細節中去 013

細節就是魔鬼出沒的地方……014
「差不多」就會「差很多」……025
每件事都從細節、小事做起……031
把平常的小事做好就是不簡單……037
耐心細緻地處理才能安然解決……044
關照小事，成就大事……049
把小事做細，才能把事情做好……055
絕招，是用細節的功夫堆砌出來的……062
別讓「不小心」上癮……068

第二章 工作徹底，做事到位 073

要徹底就不要半路剎車……074

第一次就把事情做對……080
把問題一次性地解決……087
只有百分之百才算合格……093
讓你的明天滾蛋吧……101
最好少說「不知道」……108
千萬別說自己是「新來的」……114
把平常的事做得不平常……124
在每一件小事上比功夫……130
苛求細節的完美……135

第三章 用心做事，盡職盡責

第三章 用心做事，盡職盡責 143
只是認真還不夠，還要用心……144
與「差不多先生」說再見……149
任何事都是做出來而不是喊出來的……154
用紮實代替浮躁……159
以理智折服衝動……166
你敢打敗你自己嗎……173

讓自己更專業一點……180
用百分之百的熱情做百分之一的事情……187
用心才能見微知著……194
遵紀守章一絲不苟……201

第四章 小題大做，牛刀殺雞 207

殺雞也要用牛刀……208
問題無大小，工作無小事……213
在平凡中體現出不平凡……218
做事不貪大……224
細節源自於周密的計畫……231
從細節看出企業的價值觀……236
細節來自對小事的訓練……244

第一章

細節中來 細節中去

生活中的一切都是由細節所組成，它是成就大事不可缺少的基礎，一切的偉業都源於細節的積累。無論我們處理什麼事情，都應該注重細節。尊重細節才能改變命運，精於細節才能成就夢想，凝聚細節才能不斷超越。

細節就是魔鬼出沒的地方

隱藏在魔鬼底下的枝微末節，稍不留神，也會如同利刃刺向你的心臟，一命嗚呼。

細節，勝負之關鍵

美國，人們討論立法和政策問題時，出現頻率最高的一句話便是「魔鬼存於細節」。其意思大概是，任何一個好的法案或政策，都要十分注意細節，因為那些與立法精神和方針政策不一致、甚至完全背道而馳的「魔鬼」，常常就躲在「細節」中作梗。

二十世紀世界最偉大的建築師之一——密斯．凡德羅，當他被要求用一句最精煉的話來概括自己成功的原因時，用了五個字：「細節是魔鬼。」他在工作中反覆強調：不管你的建築設計方案如何恢弘大氣，如果對細節的把握不到位，就難以稱得上是一件好作品，細節的準確、生動可以成就一件偉大的作品，但細節的疏忽也可讓一個宏偉的規劃付之東流。

今天，全美國最好的戲劇院設計中，有不少是他的大作。在設計每個劇院時，他都要精確測算出每個座位與音響、舞臺之間的距離，以及由於距離差異而導致不同的視覺、聽覺感受，計算出哪些座位能夠獲得欣賞歌劇的最佳音響效果，哪些座位最適合欣賞交響樂，不同位置的座位需要做哪些調整才能達到欣賞芭蕾舞的最佳視覺效果。而且更重要的是，他在設計劇院時要一個座位一個座位地親自測試和敲打，根據每個座位的位置測定其合適的擺放方向、大小、傾斜度、螺絲釘的位置等。

對每一個細節都力求達到最好效果，使得德羅的作品件件是精品，而這種無微不至的工作態度，也成就了他的偉大事業。

二〇〇三年一月十六日，美國「哥倫比亞號」太空梭回航途中發生爆炸，飛機上的七名太空人全部遇難。事後的調查結果表明，造成這一災難的罪魁禍首竟然是一塊脫落的隔熱瓦。一塊隔熱瓦的脫落看似一件小事，卻造成了巨大的災害，它就像魔鬼一樣，吞噬了七條活生生的生命。毫無疑問，這件「小事」的發生，肯定是某個部門或某個設計師不重視細節，沒有把工作中的細節做到位而造成的。

有一位名人說過：「硬體專案的管理更多地體現在細節的管理，細節到每個設計、每次改動、每天操作。」坐過上海地鐵的人，一定都知道上海地鐵二號線的故事。上海地鐵一號線由德國人設計，看上去並沒有什麼特別的地方，直到中國設計師設計的二號線投入運營，才發現一號線中有許多細節，都在設計二號線時被忽略了。結果二號線運營成本遠遠高於一號線，至今尚未實現收支平衡。

一號線的設計有五點細節，是設計二號線時所疏忽的：

一、三級臺階的作用

上海地處華東，地勢平均僅高出海平面一些，一到夏天，雨水經常會使一些建築物受困。德國的設計師就注意到了這一細節，所以地鐵一號線的每一個室外出口都設計了三級臺階，要進入地鐵口，必須先踏上三級臺階，然後再往下進入地鐵站。就是這三級臺階，在下雨天可以阻擋雨水倒灌，從而減輕地鐵的防洪壓力。事實上，一號線內的防洪設施幾乎從來沒有動用過；而地鐵二號就因為缺了這幾級臺階，曾在大雨天被淹，造成巨大的經濟損失。

二、對出口轉彎的作用沒有理解

德國設計師根據地形、地勢，在每一個地鐵出口處都設計了一個轉彎，這樣做不是增加出入口的麻煩嗎？不是增加了施工成本嗎？當二號線地鐵投入使用後，人們才發現這一轉彎的奧秘。其實道理很簡單，如果你家裡開著空調，同時又開著門窗，你一定會心疼你每月多付的電費。想想看，一條地鐵增加點轉彎出口，可省下了多少電，每天又省下了多少運營成本。

三、一條裝飾線讓顧客更安全

每個坐過地鐵的人都知道，當你距離軌道太近的時候，當車一來就會產生一種危險感。在北京、廣州地鐵都曾發生過乘客掉下月臺的危險事件。德國設計師們在設計上體現著「以人為本」的思想，他們把靠近月臺約五十公釐內鋪上金屬裝飾，又用黑色大理石嵌了一條邊，這樣，當乘客走近月臺邊時，就會有了「警惕」而停在安全線以內；但二號線的設計師們就沒想到這一點，他們將月臺地面全部用同一色的瓷磚，使乘客很難意識到自己已經靠近了軌道邊。導致地鐵公司不得不安排專人來提醒乘客注意安全，此又是一筆開銷。

四、不同的月臺寬度給人的舒適度不同

到上海的時候，你可體會到兩條地鐵舒適度的巨大差異。一號線的月臺設計寬闊，上下車都很方便，而當你轉入二號線後，就感到狹窄的讓人難受，尤其遇到上下班高峰期。在上海這種大都市，二號線月臺顯得非常擁擠。

五、為什麼省掉月臺門

德國設計師在設計一號線時，一是為了讓乘客免於掉下月臺，二是為了節省月臺的熱量，因此每處都設計了相應的月臺門，車來打開，車走關上。而中方的施工單位可能是為了「節省成本」居然沒安裝月臺門，當然，更不可能理解德國設計師的用心了。

說中國的設計者沒有德國人聰明？我想未必。關鍵在於長期養成的對待工作的認真和精細的態度。比起義大利和法國人的浪漫、美國人的隨意，更使德國人顯得嚴肅、認真，甚至刻板，可就是憑著這種一絲不苟、嚴肅認真的工作精神，使德國在二戰後迅速成為世界第三號強國。當一件事情的大致方向定下來後，很多時候細節變成了決定勝負的關鍵。正所謂，很多大風大浪都闖過來的人，卻容易在陰溝裡翻船。

忽略細節，失敗近在眼前

一位業務經理在開會的時間回覆私人的信件，結果被董事長嚴厲訓斥，此後在很長一段時間裡都沒有得到重用；一位業務對客戶說會再打電話給他，向他講解一些產品資訊，但是他忘記了，結果失去了這位客戶；一位母親將農藥放在餐桌上，結果導致自己的孩子誤服而亡。

現實生活中，人們忽視的細節也往往變身成為魔鬼，讓人們的生活陷入窘境。魔鬼就在細節當中，忽視細節，細節就會變成可怕的魔鬼，帶來巨大的危害與傷痛。那麼，隱藏在細節中的魔鬼有哪些呢？在平時的工作和生活當中，細節失誤，將會導致什麼結果？我們應該怎樣去注意細節，預防「魔鬼」呢？

一、細節失誤，將導致整體失敗

細節和整體是不可分割的，細節不好，就會導致整體不好，如果正好這個細節又是不可或缺的，那麼整體就會受到影響，乃至最終失敗。「哥倫比亞號」的悲劇已經明白無誤地告訴了我們這一點。

在工作中，很多員工正是一個電話、一份檔案，甚至是一句話、一個標點符號沒有處理好，最終導致了不可收拾的局面。小事確實是小，但是它可以導致大事的發生。例如簽合約之時，一個小數點確實很小，但是放到合約之中，它就非常大了，甚至可以讓一個企業因此而倒閉。世界上大企業的倒臺，有許多不是因為大事件，而是在一些小事上栽了跟斗。

現代企業，分工越來越細，技術要求越來越高，細節的重要性越來越突出，許多工業產品和工程建設往往涉及幾十個、幾百個甚至上千個企業，還有些涉及幾個國家，這就需要把各方面的細節聯繫、協調起來，形成一個統一的整體，忽視任何一個細節，都會帶來意想不到的災難。

二、細節失誤，會引起連鎖反應

不要小看一些細節，細節失誤積累多了就是大的失誤。雖然任何事情我們都不可能做到完美，但也應該做到盡善盡美，不要讓一些小細節影響整體。美國品質管制專家菲力浦・克勞斯比說：「一個由數以百萬計的個人行為所構成的公司，經不起其中百分之一甚至萬分之一的行為偏離正軌。」

一件件的事情總是環環相扣，形成一個整體系統。所謂大事也都是由許多的小細節組成，忽視任何部分，你都可能會功虧一簣。只有每個部分都認真完成，你才能成就「大事」。再者，能力也不是天生的，通常，我們都是從小事做起，一點點地培養起我們的辦事能力。也許一個細節是很不起眼的，但很多細節串聯起來力量就非常強大了。你忽視了一個環節，它就有可能引起連鎖反應，最終導致非常嚴重的後果。

人們常用「蝴蝶效應」比喻這種連鎖反應：南半球某地的一隻蝴蝶偶爾搧動一下翅

膀所引起的微弱氣流，幾星期後可能會引發席捲北半球某個地方的一場龍捲風。「蝴蝶效應」可以這樣來解釋：一件極小的事情經過一定的時間，並在其他因素的參與作用下，就有可能演變成極為嚴重的後果。

三、細節失誤，會造成重大危害

二十世紀初期，美國某著名公司首先預見到從石油及天然氣產品中，煉製出合成有機化學品及塑膠的發展潛力，並且做出了開創性的努力。這種遠見導致了美國石油化學工業的誕生，同時公司也發展成為世界主要化學公司。長期以來，由於公司一貫重視各個生產領域內的科學研究和發展工作，同時有一個明確的戰略方針，因此，一直在工藝技術上保持著領先地位。

至一九八三年，該公司的銷售額達九十億美元，資產額超過一百億美元，員工人數近十萬，在美國本土及海外各地共設有八十一家子公司。然而，這家著名的跨國公司，在隔年因為管理上的疏忽，發生了一次毒氣洩露事故，造成三千餘人喪生，五萬人雙目失明，二十萬人中毒，十萬人終身致殘的悲劇，釀成了二十世紀以來最大的一起工業慘案。

一九八四年十二月三日半夜，該公司下屬的某農藥廠中，一個儲氣罐的壓力在急劇上升。儲氣罐裡裝的四十五噸液態劇毒性異氰酸甲酯是用來製造農藥的原料。緊接著，儲氣罐閥門失靈，罐內的化學物質漏了出來，以氣體的形態迅速向外擴散。由於公司缺少嚴格的管理和防範措施，事故發生後，工人驚慌失措只顧自己逃跑，沒有一人去實施搶救措施，也沒有人向公司上級報告，直到毒氣形成的濃重煙霧籠罩在全市上空。

從農藥廠漏出來的毒氣越過工廠圍牆，首先進入毗鄰的貧民區，數百名居民立即在睡夢中死去。火車站附近有不少乞丐因怕冷而擁擠在一起，毒氣彌漫到那裡，幾分鐘之內，便有十多人喪生，二百多人出現嚴重中毒症狀。毒氣穿過商店、街道，飄過二十五平方英里的市區。那天晚上沒有風，空中彌漫著大霧，使得毒氣以較大的濃度緩緩擴散，傳播著死亡。

發生事故的第二天早晨，整個市區一座座房屋完好無損，但是到處是人和牲畜的屍體，好端端的城市變成了一座恐怖之城。

人們發現，市內的一條街道上，至少有二百人死亡，半數以上是兒童，其中身體瘦小、發育不良的，成了最易受毒氣殘害的受難者。

街道上，死屍旁邊倒著死屍。雙目失明的人們你拉著我，我拉著你，慌張地驚叫著，不知道哪裡才是安全的地方。事故發生後，員警以「怠忽職守，造成嚴重傷亡事故」的罪名，逮捕了公司的主要負責人。這件震驚世界的毒氣洩漏事件發生後，該公司破產倒閉了。

公司重視產品品質，也有明確的奮鬥方向，結果依然造成破產的悲劇，其原因就是因為管理上的細節沒有做好。導致公司失敗的最直接的原因，就是因為沒有及時發現安全閥門的失靈，其實並非偶然，而是因為公司平時在管理上就不嚴格。事故發生後，員工不知所措，也說明公司平時根本就沒進行有關安全方面的培訓，最終釀成巨大的悲劇。

千萬不要忽略細節。一個細節的管理不善會造成如此嚴重的後果，所以，我們在管理上、生產上以及企業運行的其他環節上，一定要注重細節，與魔鬼在細節上較量，才能達到管理的最高境界。

四、細節失誤，往往導致最終失敗

有的時候，人的成敗往往繫於一個不為人知的細節上。一個不經意的細節，往往能夠反映出一個人深層次的修養。應屆畢業生劉宏志，就因為一份履歷沒有放好，而使他在應聘時栽了大跟斗。參加就業博覽會的那天早上，劉宏志不慎碰翻了水杯，將放在桌上的履歷弄濕了，為儘快趕到會場，劉宏志只將履歷簡單地晾了一下，便和其他東西一起匆匆塞進背包，在就業博覽會現場，劉宏志看中了一家房地產公司的廣告策劃主管職位，接著按照這家企業的要求，招聘人將先與應聘者簡單交談，再收履歷，被收履歷的人將得到面試的機會。輪到劉宏志時，招聘人員問了劉宏志三個問題後，便向他要履歷。劉宏志受寵若驚地掏出簡歷時，這才發現，履歷上不光有一大片水漬，而且因為放在包包裡一揉，再加上鑰匙等東西的劃痕，履歷已經不成樣子了。劉宏志努力將它弄平整，遞了過去。看著這份傷痕累累的履歷，招聘人員的眉頭皺了皺，但還是收下了。那份折皺的履歷夾在一疊整潔的履歷裡，顯得十分刺眼。

三天後，劉宏志參加了面試，表現非常活躍，無論是現場操作，還是為虛擬的產品做口頭介紹，他都完成得不錯，在校讀書時曾身為學校戲劇社骨幹社員的劉宏志，還即興表演了一段小品，贏得面試官的嘖嘖稱讚。當他結束面試走出辦公室時，一位負責的小姐對他說：「你是今天面試者中最出色的一個。」

然而，面試過去一週後，劉宏志依然沒有得到回覆。他急了，忍不住打電話向對方詢問情況，對方沉默了一會兒，告訴他：「其實當初招聘的負責人對你是很滿意的，但你敗在了履歷上。我們總經理說，一個連簡歷都保管不好的人，是管理不好一個部門的。你應該知道，履歷實際上代表的是你的個人形象。將一份淩亂的履歷投出去，有失嚴謹。」

這個故事表現了細節的巨大力量，有時，細節也是決定事情成敗的「利器」。不只是剛畢業的學子們要注意這些，在工作崗位上的員工更要把小事做細，一些不經意中流露出來的「小節」往往能反映一個人更深層次的素質。當然，平時一些不經意的小事，並不是用標準能衡量出來的，但它卻能反映出一個人真實的東西。

五、細節失誤，將讓你從優秀淪為不及格

在工作中，任何細節都事關大局，牽一髮而動全身，每一件細小的事情都會通過放大效應而突顯其重要影響。

魔鬼都藏在細節中，如果你不注意它，它就會溜出來給你的工作帶來致命的打擊。

工作中，我們在把握好方向的前提下，一定要多注意細節，把工作做徹底，只有這樣才對得起自己的努力和熱情，才不會給工作留下遺憾。許多能夠比我們進步快、晉升快的人，都是因為注意了工作中的細節，養成了良好的習慣，才在工作中有上乘表現，同時也得到了自己應有的回報。

【智慧語錄】

千萬不要忽略細節，一個細節的管理不善，往往會造成嚴重的後果，所以，我們在管理上、生產上、企業運行的其他環節以及自我日常生活的為人處事中，都要注重細節。只有處理好各方面的細節問題，才能夠趕跑魔鬼。

事實證明，忽視細節，細節就會變成魔鬼，並侵吞人們生活中一切美好的東西。因此，我們必須學會重視細節，將事情想得周全、做得更加細緻，才能夠更接近成功。

「差不多」就會「差很多」

每件事都做得差不多好，與每件事都做到完美，最後的成就，必大不相同。

重視微小細節，創造利多人生

兩個鄉下人，一同來到一座大城市謀生，兩人都選擇在同一個市場賣菜，但幾年之後，卻賣出了天壤之別：一個成了資本雄厚的蔬菜批菜商，另一個卻因生活無著落，只能回到了鄉下。

成與敗，說起來好像十分遙遠，但事實上，往往就只差那麼一點點。就拿兩個賣菜的人而言：成功者賣菜前，都花了一點時間把黃菜葉子和爛根去掉，弄得水噹噹的；失敗者卻從來沒有理會過這一點，賣菜怎麼可能沒有黃葉子爛根！成功者總是把菜儘量洗得乾乾淨淨後，再運到市場上；失敗者卻說自己是賣菜的，沒事給人家洗什麼菜！成功者總是把菜攤兒收拾得規規矩矩，把蔬菜放得整整齊齊，讓人看了就舒服；失敗者只把菜往地上一堆，愛怎樣就怎樣！成功者每天多賣半小時菜，盡力全部賣出；失敗者認為無所謂，今天賣不完，還有明天。就是這些細微的差異，天長日久，兩個鄉下人，一個在城裡站住了腳，一個只好回到鄉下。

有兩位失業工人，各自在路邊開了個早餐店，都賣包子、油條。然而，一個月後，一個生意日益興旺，而另一個則黯然撤攤。據分析，其判若雲泥的差距是從一個雞蛋開始的。生意日益興旺的那家，當點餐者進來時，總會問要打一顆雞蛋還是兩顆雞蛋；而撤攤的那家則是問顧客要不要雞蛋。

兩種問法的差異使得前者賣出了較多的雞蛋，於是盈利就大，所以付得起各項費用，生意也就做下去了。而後者則由於雞蛋賣得少、盈利少，除去費用後就不賺錢了，最後只好撤攤。兩家的成與敗之間的差距僅從一個雞蛋開始。

你該重視的細微差異

細節上細小的差別，結果會帶來成功與失敗的巨大反差。那麼我們應該從哪些方面來注意這些細小的差異呢？

一、注意小事，杜絕馬虎

所羅門國王曾經說過：「萬事皆因小事而起，你輕視它，它一定會讓你吃大虧的。」建築工程中的小小誤差，足以使整幢建築物倒塌；不經意拋在地上未滅的煙蒂，可以毀掉整個房間乃至讓整幢樓房化為灰燼；列車長看錯了兩分鐘，就可能會使兩輛滿載乘客的高速列車相撞，從而使多少個原本幸福的家庭支離破碎。

還有現在經常發生的醫療糾紛，常常是由於醫生一時大意，把紗布、手術鉗等遺留在病人的體內，從而給病人帶來許多年的痛苦折磨和經濟上的巨大損失，而他們最終會被訴諸法院，同樣承受經濟上的巨額賠償甚至被判刑，給他們的前途帶來一片黑暗。而這一切的起因，全是因為他們馬虎輕率，因為他們的一時大意。

烏魯木齊市糧食局的一家下屬掛麵廠曾花鉅資從日本引進一條掛麵生產線，作為附帶合約，後又花十八萬元從日本購進一千卷重十噸的塑膠包裝袋。而塑膠包裝袋的袋面圖案由掛麵廠請人設計。當樣品設計好後，經掛麵廠與新疆維吾爾自治區經貿機械進出口公司的人員審查，交付日方印刷。

幾個月後當這批塑膠袋漂洋過海運抵烏魯木齊時，細心的人們發現有點不對勁，再仔細看一下全傻了眼，原來每個塑膠袋袋面圖案上的「烏」字全部多了一橫，變成了「烏」字，烏魯木齊變成了「烏魯木齊」。

後來經過多方調查，發現原來是掛麵廠的設計人員一時馬虎，把設計樣本列印錯了，而進出口公司的人員檢查時也一時大意沒有發現。也就是這一點之差使價值十八萬元的塑膠袋變成了一堆廢品，給公司帶來了嚴重的損失，相關人都受到了嚴厲的處分。

試想，如果設計人員細心一點、謹慎一點，進出口公司的審查人員再認真一點，多檢查一次，又怎麼會讓這十八萬元付諸東流呢？

如果因為你平時的馬虎輕率而鑄成大錯，給公司造成巨大的損失，那麼你以前所有的辛勞也會付諸東流，甚至給你的職場生涯帶來陰影。當別人知道你曾因為馬虎輕率而給原來的公司帶來嚴重的損失，還有公司敢要你嗎？沒有揮灑的舞台，那麼你的雄心壯志、一番大事業、成功的人生，又從何做起呢？

二、成與敗就差在細節上

如果大家的起點都差不多，那麼，十年的時間使我們之間產生多大的差距呢？先看下面一則大學校友聚會上發生的故事。

畢業十年後，大學同班同學又聚到了一塊兒。如今，有的成了博士、教授、學者或作家；有的是公司老總、外企主管；有的還當上了政府處長、局長；當然，也有的不幸被公司裁員，或是給私人小企業打工；有的甚至因某些原因而負債累累。

面對造化弄人，各人的境遇會有如此大的差別，自然有人心理不平衡：「十年前，大家還在同一個課堂裡聽講，畢業時，大家的學問、本事都差不多。可是十年後，有的同學命好、機遇好，青雲直上；有的人運氣背、命不好，成了社會底層老百姓。」

於是，有幾位同學便請教了當年與學生們關係非常好的哲學教授馬老師。馬老師安靜地聽完了同學們的問題後，只是笑了笑，然後向他們問了一個問題：「你們打過保齡球嗎？還有，你們知道十減九等於多少？」

幾位同學都挺納悶兒：「我們都打過保齡球，十減九不就等於一嗎？」

馬老師說：「保齡球的規則是：每一局十個球，每一個球的得分是從零到十分。這裡的十分和九分的差別並不僅僅是一分，因為打滿分的要加下一個球的得分，如果下一個球也是十分，那麼加起來就是二十分了。大家看看，二十分與九分的差距是多少？若每一個球都打滿分一局就是三百分。當然，要每局都打三百分是很難的，一般情況下，能經常打出二百七、二百八就已經是一流好手了。但如果你每一個球都差一點，都是拿到九分，那一局最多才是九十分。很明顯，一局拿到九十分與一局拿下二百七、二百八的差距是很大的。造成這個差距的原因，只不過是每一個球是拿到了十分或九分，每一個球雖然只相差一分，但最後的總分差距就不是我們想像的那麼小了。」

看到這幾位如今已年過而立的學生聽得如此認真，馬老師便正面討論起學生們一開始提出的疑問來了：「把非正常因素排除開了，你們同班同學在畢業時的差距也就是十分與九分，相差應該在一分之內。但是畢業之後，有的人繼續著十分的努力，毫不鬆懈地奮鬥，於是十年下來他的總分成績就很高了。而那些還是九分、八分地付出，甚至是四分、五分地混著的，十年下來，你想想會拉到多大的差距吧，很自然就是一個天堂一個地獄了！」

在這個世界上，成與敗之間的距離也就是從那麼一點點的差別開始的。正如一個角的兩條邊，從角的頂點出發時，兩條邊的距離還是那麼的近，但越離開頂點，它們之間的距離就越大。

三、不要總是差一點

在日常工作中，我們常常會聽到這麼一句話「差一點，我就……。」差一點得到，就是沒有得到；差一點成功，就是沒有成功；這一點的確讓人惋惜，令人遺憾，然而事實就是這麼不講情面。

對於每個職場人士而言，「差一點」的緣由可歸為運氣不佳，但更多的是尚欠火候，或技不如人，不管是客觀原因還是主觀原因所致，距離自己的目標「差一點」，總是不可更改的事實。

往往一個細節就能讓你脫穎而出，因為別人忽視的，你看到了、做到了，這就是你的出眾之處。細節是你的個人才能得以發揮的重要途徑，也是最能看出你不同凡響的地方。如果你能把很小的細節都做得很到位，你必定能一步一個腳印地走向成功。

有人會說，成大事者不拘小節。但是，中國也有句古話，一屋不掃何以掃天下。如果你連小事都做不好，你又怎麼能幹成大事呢？

不要小看所差的這一點點，其實，事情能不能做好，就差這一點點。

【智慧語錄】

差距開始於細節，「成功與失敗」、「輝煌與無為」其差別一開始並沒有人們想像的那麼大，而是遠比人們想像的要小得多。只有注重細節，每一步都從細節出發，在每一步上都比別人強上一些，成功的機會自然會更高一些。

每件事都從細節、小事做起

細節是對微小事物的仔細觀察與掌握，也是人生旅途中的成功伴侶。

天下大事必做於細

沒有細節功失的積累就不會有顯赫的大事。在日常生活中，培養注重細節的為人處事風格也會給你的事業發展奠定良好的基礎。

南茜原來只是一家小報社的記者，但他後來卻升遷到了《紐約太陽報》出版人的高位上，成為當時美國媒體界卓越的領袖。南茜去世前不久，他的老同事歐爾曼·里奇為他寫了一本傳記，書中有一個頗具啟發性的故事。它可以讓我們瞭解到南茜為什麼能成為一名業界領袖。

里奇這樣寫道：「大約在二十五年前，我的右耳就失去了聽覺。從此以後，當我們倆在一起時，這位領袖每次都站在我的左邊。無論是在他的辦公室、汽車裡、大街上、進餐時……無論什麼時候，他總是會站在一個不使我感到自己是個殘廢人的位置上。而且，在他做這樣的舉動時，顯得那樣自然、隨意，簡直沒有一個人能注意到他是故意這樣做的。這真讓人感到驚訝。可以說，他真是一個設身處地替朋友著想的太好人。」

從這件小事上，我們可以看到，像一切有成就的人一樣，南茜也是常常在小事情上留心著別人的需要。

這種對於細節的注意，我們稱為機敏、殷勤或者體貼。一切有成就的人，都知道怎樣靠這種用心良苦的「小動作」去獲得人們的信仰及擁戴。

細節，無時無刻出現於生活中

舉凡世界上能做大事的人，都能把小事做細、做好。做好了每件小事，逐漸積累，就會發生質變，小事就會變成大事。任何一件小事，只要你把它做規範了、做到位了、做透了，你就會從中發現機會、找到規律，從而成就做大事的基本功。

那麼，在日常的生活和工作當中，我們應該如何從細節、小事做起呢？

一、生活處處有細節

早在五百多年前，有一位名叫科爾迪的阿拉伯牧羊人無意中發現，有一隻山羊異常興奮，總在那蹦來跳去盡情撒歡。他感到非常奇怪，決心弄清楚原因何在，於是便開始留意那隻山羊，跟蹤並注意牠的一舉一動。經過一連幾天的仔細觀察，他發現那隻與眾不同的山羊特別愛吃山坡一棵樹上的紅漿果，吃後就興奮起來。好奇心驅使他按捺不住也吃了那棵樹上的一些紅漿果，不一會兒的功夫，便體驗到那種神情振奮的感覺，情不自禁地跳起了歡快的舞蹈。

從此以後，每次到山坡放牧，科爾迪都要品嘗紅漿果。有一次，他在吃紅漿果時，湊巧被一位路過的歐洲傳教士瞧見了。科爾迪將他的觀察和體驗如實道出，傳教士聽後當即採摘了一些紅漿果。他回到住處之後，將紅漿果清洗幾遍，用水煮出汁味，他耐心地品嘗，最初的感覺有點苦，隨之而來的是神清氣爽，渾身都煥發出一種活力。從那以後，他每天都要喝一壺紅漿果飲料滋潤自己。經過傳教士的熱心宣傳，周圍的群眾也都如法炮製，一起分享著飲用後的振奮。實際上，那種紅漿果就是現在我們很多人不可須臾離開的咖啡。

咖啡的妙用得到初步驗證之後，傳教士又向歐洲商人做了介紹，立刻引起了他們的高度重視。他們將咖啡樹移植到本土，大面積地推廣種植，並引導人們消費。

後來，傳教士在自己的佈道生涯中多次提到偶然發現咖啡妙用的經過，並說了這樣一段頗有感觸的話：「一個人能否有所發現的關鍵，並不在於自己眼睛的大小，而在於是否善於用自己的眼睛觀察。對微小事物的仔細觀察，是藝術、科學、事業和生命獲得成功的伴侶。」

可見，任何事都要從細節做起，否則就談不上卓越的成就，更談不上輝煌的人生。

二、學會從小事做起

其實，認為自己有做大事的能力，反而覺得那些基礎的、雞毛蒜皮的小事沒有必要去做，或者沒有必要一板一眼地去做的人，只是心理上有一種自我膨脹的意識，如果真讓他去做說不定什麼都做不好。實際生活並沒有我們想像中的簡單，任何事都值得我們踏踏實實地去做、踏踏實實地掌握真正有用的知識。只有懷著這種態度才能不斷彌補自己的不足，不斷調整自己的方向，進而一步一步達到自己的目標。

看看那些從底層做起，在事業上取得成就的人，哪一個不是在簡單的工作和低微的職位上一步一步走過來的？他們的成就不是因為他們比別人聰明，而是因為他們總能在一些細小的事情當中找到個人成長的支點，不斷調整自己的心態，充實自己的心靈，用持久的努力打破困境，走向卓越與偉大。而不願意從基礎做起只會讓你永遠站在起點，無法到達終點，許多事只有親自動手才會有收穫。

整個社會中，除了一些特殊的人從事特定的工作之外，一般人的工作都是平凡的。但是，即使是平凡的工作，也需要努力去做，即使你現在沒有成就，也不要心灰意冷，踏踏實實地幹好自己手中的工作，將最基礎的工作做好，你一定會獲得期待的成就。

三、做好小而簡單的工作

每個人的工作都是從小而簡單的事做起的，而這些小事就好比磚頭，一個人的事業之路，就是靠這些磚頭一塊一塊地鋪就而成的。

有些人對目前的工作不滿意時，很容易找出一大堆理由，例如認為工作內容太簡單、大材小用、不受老闆重視等，很少會從自身找原因，問一問自己有沒有把這份「簡單」的工作做好？有沒有把當前工作做到最基本的水準？

做好當前這份小而簡單的工作還需要有打持久戰的心理準備，很多即將走上工作崗位的大學生，對未來充滿幻想，所以剛開始工作時，一般都會充滿熱情，非常努力、認真、勤快、好學，但是，工作了一、兩年以後，往往對工作失去了新鮮感，又缺乏新的刺激，例如被重用、責任增加、經濟收入提高等時，很多人就會失去對工作的熱情，很難再認真做事了。

一位MBA畢業生到銀行任職，人事部門把他安排到營業據點當櫃員，做儲蓄工作。一個月後，他與行長說：「行長，我到銀行工作不是要做這種簡單的瑣事，我應該擔當更重要的工作。」

於是，行長便把他安排到了國際信貸部，但很快信貸部的負責人和同事們對他的工作能力都非常不滿，他還自認為很能幹，總是抱怨單位不好，長官不給他機會，同事嫉妒他。其實，大家都認為他是個大事做不了、小事不想做的討厭傢伙。

每個新職員都會被告誡應該做好當前的基本工作，但能意識到這一點並真正做得好的人並不多。一位銀行分行的行長說，每年都會有一些大學畢業生到基層鍛煉，而往往他們都沒有耐心熟悉銀行的基本業務，卻總想著管理的問題，好像都是來等著當行長似的。想一步登天的高學歷畢業生大多數眼高手低，只想做「大事」，不願做「小事」，又不知道自己的能力在哪裡，結果是大事做不了，小事也做不好。

許多剛進入社會的年輕人常犯一個通病：認為上級能力平庸、甚至還不如自己。其實這種盲目地蔑視上級的思想是非常不可取的。上級看起來能力平平但未必是真的平庸，很可能是大智若愚。還有，上級的「平庸」也許是為了考驗你的忠誠、經驗和能力。他雖然裝作什麼都不知道，讓你放手去做，但在你做的過程中，他已經將你的情況觀察得清清楚楚。

反過來講，如果上級真的在某方面不如你，那恰恰給了你最好的機會。企業用你，正是因為你有過人之處，如果你是一個聰明的下屬，與其每天挑剔工作的瑣碎、上級的不足，還不如考慮一下自己如何把這份工作做好、做精，及如何彌補上級的缺陷。

【智慧語錄】

要成為傑出人物，光是憑著心高氣盛還遠遠不夠，還必須從最基礎的事情做起。在你還默默無聞不被人重視的時候，不妨試著暫時轉移一下自己的物質目標、經濟利益或事業目標，先做好一個普通人，做好一件普通事，這樣你才能掌握扎實的基本功，從而發現許多意想不到的機會。

把平常的小事做好就是不簡單

「勿以善小而不為，勿以惡小而為之」，做人的道理也同做事的道理，細心完成每一件小事，而這些小事，就是你邁向成功的種子。

別忽略小事的重要性

能夠做成「大事」之人都是從簡單的、具體的、瑣碎的、單調的小事中一步一步走過來的。把「小事」做好，把「好事」做大，是他們成就「大事」的基礎和秘訣。

有一位法律學校的畢業生，家在一個小鎮裡。畢業後，在眾多同學動用關係千方百計想留在大城市裡工作的同時，他因為沒有任何人脈只好回到小鎮。一開始時他很沮喪，後來他才意識到，回到偏僻地方也許是一次難得的機遇，因為要當一個好律師，必須有很多實踐機會，而小鎮正好給了他這個機會。他發現整個鎮上沒有一個正式的律師，他是唯一一個受過正規訓練的人，因此公司十分器重他，把很多案子交給他來辦。由於他虛心學習，很愛動腦筋，因此辦了許多大案子，甚至是棘手案子，很快地在公司嶄露頭角，成了公司樑柱。後來，有一個考取正式律師的名額，自然非他莫屬，才二十二歲的他就成了一名正式律師，並當上了律師事務所所長。相反，與他同期畢業留在大城市的同學，由於城市人才濟濟，實習的機會少，幾年之後有的還沒有單獨辦過案子，還是見習律師，有的還在當文書、做助理。彼此見面的時候，同學們反而用羨慕的目光看他，說他是幸運兒、機遇好。

其實，應該說是這落後、艱苦的環境給了他磨煉、提升自己能力的好機會，使他很快成才。正是從這個意義上來說，艱苦的環境可以給有志青年提供有助於成長的機遇。

小事，成就大事的基礎

生活以及工作當中有著無數的瑣碎小事，然而大多數人們往往會忽視這些小事，實際上只有將平常的小事做好了，才能為成就大事做好基礎。那麼在日常的生活和工作中，我們應該如何做好平常的小事呢？

一、做好小事，就要抓住細節

浙江傳化集團曾經派員工去日本考察花王集團，當時最讓他們印象深刻的是花王的配送方式。中國日化行業的配送一般都是以件計算，也就是一個大箱，送到超市、便利商店。但他們在花王川崎的物流中心卻看到了以內包裝計的送法。例如洗衣粉，一間店可以向花王要五件零三袋。

這對於中國日化員工來說震驚程度是巨大的，因為在細節背後整個管理流程都要改變。這個物流中心要向花王在日本的三十萬個門市供應，怎麼解決運輸的問題呢？如果把小包裝的都混在一起就等於沒有分。花王的解決方式是利用一個有專利的周轉箱，把每個商戶對各品種需要的數量放在箱內後裝入貨櫃。他們的物流中心操作工只有三個人，每個人都在不停地奔跑，根據他前面螢幕上的訂單數量，把幾條管線上出來的產品放人這個周轉箱，每個人的控制範圍有三十公尺，每兩個小時輪班。據傳化集團員工的計算，每個工人在這兩個小時內奔跑的距離大約有幾萬公尺。

這些促使了傳化集團進行反思，最終使兩家企業走向了合資的道路。今天的傳化花王不僅在競爭白熱化的中國日用消費品市場中殺出重圍，從寶潔、聯合利華以及上海日化等國內外知名企業的市場中都分得一杯羹，而且傳化也成功地實現了上市融資。可以說，緊緊抓住細節，一個細節改變了傳化的命運。

二、做好小事，就不可眼高手低

現在的許多年輕人，往往是眼高手低，看不起那些小事，不願意在平凡的崗位上鍛煉自己。也正是因為這一點，他們有時候連一些平常的事情都做不好。

剛剛大學畢業半年的張麗，在一家外企公司做行政助理。一次，公司開新產品推廣會，部門所有的人都連夜準備資料，上司分配給張麗的工作是裝訂和封套。張麗的上司是一個五十多歲的美國人，他一再叮囑張麗：「一定要做好準備，別到時措手不及。」張麗聽了不以為然，心想：「這種小學生都會做的事，還用得著這樣婆婆媽媽地囑咐我？」於是他沒怎麼理會。同事們忙忙碌碌時，他也沒幫忙，只是坐在座位上裝模作樣地做自己的工作，實際上是在看一本美容雜誌。文件終於交到他手裡，於是他開始一件件裝訂，沒想到只釘了二十幾份，釘書機「咯噔」一聲空響，釘書針用完了。他漫不經心地抽開釘書針盒，腦子裡「轟」地一響——裡面沒有釘書針了！他馬上到處找，找來找去都找不到。上司看見後，也立刻讓所有人翻箱倒櫃，卻連一排也沒找到。

當時已是深夜了，而資料必須在第二天早上八點大會召開前發到代表手中，上司怒不可遏地對他大喊：「不是叫你做好準備嗎？怎麼連這點小事也做不好呢？明天不用來上班了！」

社會發展到今天，人們面臨著各種各樣的壓力，尤其是年輕人，更是面臨著就業的壓力。很多年輕人感嘆就業難，但是，我們卻發現社會上其實有很多崗位都需要人。現在的年輕人或多或少都會有這樣一種心理：「我是名牌高校畢業的，我是碩士、博士，當然要做大事，小事用得著我做嗎！」對自己的期望過高，不屑於處理雜七雜八的瑣事，總想一步登天，試問，有了這樣的心態，就業怎麼會不困難呢？

在他們看來，一個天之驕子是用不著做那些瑣事的。他們往往不明白，由於自己缺少實際經驗，很有可能連這些小事也做不好。很多主管都反應，有些剛畢業的年輕人都是小事不好好做，大事又做不好。這是可以想像的，生活中本來就沒有那麼多所謂的天才，而平凡人沒有時間和實踐的磨煉，怎麼能夠成為佼佼者呢？一個人連路都走不穩，當然不可能奔跑。那麼，連小事情都處理不好，又怎麼可能把大事情處理好呢？

其實，無論是什麼工作，最明智的選擇就是踏踏實實地將其做到最好，要相信付出總會有收穫。現實中總有不少人對眼前的工作不滿意，想換工作，卻對自己的本職工作不屑一顧。對於這樣的人，就算機會來了，也不會降臨在他的頭上。

三、做好小事，就要先做好平凡的工作

喬恩大學畢業了，他如願以償地進入了全美最大的現金出納機公司工作。但是，他被安排做該公司的電話遠端支援服務，具體工作就是通過電話為那些購買了該公司出納機的顧客予以服務，幫助他們解決在使用過程中遇到的困難，也就是電話客服人員。這是這個公司中小得不能再小的工作了。

一個豪情萬丈的畢業生，做著一個在很多人看來都沒有意義的工作，要想保持激情和認真的態度是很困難的。然而，幾個月過去了，喬恩始終認真而熱忱地做著這份工作。

電話客服人員現場接觸機器的機會並不多，但是要想成為一名優秀的客服人員，卻又必須對儀器有相當深入和詳細的瞭解。由於電話客服人員每天大多數的工作時間都是坐在座位上等待電話，因此，絕大多數的人對儀器的處理都只是停留在學校所學的理論知識以及公司所發的故障排除手冊上，從而使很多問題都無法得以有效的解決。

不少人都意識到了這個問題的存在，卻沒有人想去改變它，大家幾乎都認為，以電話客服人員那最底層的職位和微薄的薪水，只需要認真按照公司發放的手冊工作就已經不錯了。

但是，喬恩發現這個問題後卻開始行動，決心尋求解決那些問題的方法。他找來很多相關書籍，每天下班後就留下來細細地研讀，總結在每一個細節中可能會出現的所有問題，每個問題他都要弄得清清楚楚。短短幾個月時間，他就對現金出納機有了極為詳細的瞭解。不過他並沒有因為自己的進步而停下向前的步伐，他更加嚴格要求自己不斷學習新的東西。時間久了，用戶都願意打電話給他。因為在喬恩那裡，他們的困難總是能夠得到實際有效的解決。

很快，喬恩在客戶中出了名，每當打進電話後，客戶都要求總機把電話轉給喬恩。從此，喬恩的分機沒有空閒的時候，幾乎成了熱線，而其他客服人員一天卻接不到幾個求助電話。不久，這個現象被公司總經理發現了，於是，他抽時間以一個客戶的身份向喬恩諮詢問題。

當然，總經理所諮詢的問題都是有相當難度的。但是，無一例外地，喬恩將這些問題都完美地解決了。在感嘆一個小小的電話客服人員擁有如此全面的技術知識之餘，總經理還發現喬恩的態度非常好，工作態度令他非常滿意。到年底的時候，技術部經理職位出缺，總經理找到喬恩，問他是否願意調換到技術開發部工作，喬恩表示願意。幾天後，喬恩便收到了調換工作部門的通知書。

機會往往蘊藏在這些極其平凡的細節中。成功者和失敗者的差別就在於：前者會盡自己最大的努力去做好每一件事情，每一個細微之處都不會放過；而後者卻把很多時間浪費在抱怨上，踏實的人都向前邁了好幾步，而他卻還沉浸在自己的自怨自艾中。

在判斷一個工作是否有前途時，我們必須要擺脫世俗的眼光。不少工作，在一些外行人看來稀鬆平常，但是並不能說明這工作就沒有前途。因為外行人是不能認清這份工作背後所能獲得的東西的。從事一份工作的目的是為了獲得更好的機會，有更好的發展，而發展的機會很可能就藏在那些不起眼的職位中。

倘若你現在仍然認為自己的工作是微不足道的，並因此而提不起熱情，那麼就請馬上改變吧，嘗試著全力以赴、盡職盡責地去做好每一件小事，會有助於你對大事的把握。

【智慧語錄】

老子曾說：「天下難事，必做於易；天下大事，必做於細。」它精闢地指出了想成就一番事業，必須從簡單的事情做起，從細微之處人手。所謂「一樹一菩提，一沙一世界」，生活的一切原本都是由細節構成的，如果一切歸於有序，決定成敗的必將是微若沙礫的細節，細節的競爭才是最終和最高的競爭層面。

耐心細緻地處理才能安然解決

從細節之處下功夫，耐心且認真的做每一件事，鐵杵也能磨成繡花針。

小不做則亂大事

做大事而拘小節，其體現了一個人的修養，唯有把每件小事做好，才有可能做成大事業。許多生活社交上的小事也許不會給你帶來明顯的財富收入，但卻是一個人修養素質、潛在形象及人際資源的體現和保障。

曾有傳言說點金石是一塊小小的石頭，它能把任何一種普通金屬變成純金。有個人從書上看到關於點金石的記載：點金石就在黑海的海灘上，同成千上萬與它看起來一模一樣的小石頭混在一起，但是真正的點金石摸上去很溫暖，而普通的石子摸上去卻是冰涼的。

於是，這個人就買了一些簡單的裝備，在海邊搭起帳篷，開始檢驗那些小石頭。他想，假如他撿起一塊普通的小石頭，並且因為它摸上去冰涼就將它扔在地上，那麼，他就有可能撿起同一塊小石頭幾百次。於是他想了一個辦法，那就是當他摸到冰涼的小石頭的時候，就把它扔進大海。

就這樣，他撿了一整天，都沒有撿到一塊摸上去很溫暖的小石頭。他又這樣撿了一個星期、一個月、一年、三年、五年……但是他依然沒有找到點金石。

雖然失望，但他仍繼續這樣撿著。撿起一塊小石頭，是涼的就把它扔進海裡，又去撿起另一塊小石頭，還是涼的，就再把它扔進海裡。但是，有一天上午，他撿起了一塊小石頭，而且這塊小石頭是溫暖的，可他想都沒有想，就隨手就把它扔進了海裡。

就是因為對撿石頭這件簡單的小事失去了耐心和認真的態度，變成了為撿石頭而撿石頭，這個人才會把到手的點金石又丟掉。倘若他對每一塊石頭都保持著審慎的態度，認真對待，就不會與成功失之交臂了。

以細節取勝的經營之道

幾千年來，從來沒有人注意到水煮沸以後的蒸汽能夠把鍋蓋頂開這個極為普通的現象，而詹姆斯•瓦特注意到了，還因此發明了蒸汽機，進而將人類引領進一個全新的時代。如果詹姆斯沒有注意到這個小細節，那是否意味著我們日後亦不會有蒸汽火車、蒸汽船等發明？我們又要怎麼做，才能將事情耐心、細緻的處理好呢？

一、耐心細緻，才能注意細節

美國第四大家禽公司——珀杜飼養集團公司董事長弗蘭克•珀杜，講述了他成功的經歷和童年的一段故事：

珀杜十歲時，父親給了他五十隻劣質雞種，要他餵養並自負盈虧。在小珀杜的精心照料下，這些蹩腳的雞日見改觀、茁壯成長。不久，產蛋率竟超過了父親的優質雞種，每日賣蛋的淨額可得十五美元左右，這在當時的大蕭條時期可是一筆大錢。後來珀杜開始說服父親讓他管理部分雞場，事實再一次證明珀杜的管理和銷售能力。他管理的幾個雞場，其效益都超過了父親，至一九八四年，父親終於將他的整個家禽飼養場全部交給珀杜管理。

珀杜之所以能比父親經營管理得更好，是因為他能注意到一些很細小的環節。因為他對事物的仔細觀察，使他發現了隱藏在細小事物中的機遇。

十歲的時候，珀杜對雞的生活習性一點也不瞭解，但是他認真觀察後發現，當一隻雞籠裡的小雞少一點時，小雞吃得就多，成長得就快，但是太少了又會浪費雞籠和飼料。於是他就慢慢地尋找最佳結合點，最後總結出每個籠子裡養四十隻小雞是最合理的。注意事物的每一個細節，從中可以發現使人成功的機遇，從而對總體的把握更加準確。抓住了微妙之處，也就找到了成功的大門。

二、再多一點耐心細緻，從競爭中獲勝

成功與不成功是兩種完全相反的結果，但想達到這兩種結果差別卻只在一些小小的動作上：每天多花幾分鐘閱讀、多打一個電話、多努力一點、在適當時機多一個表示、多費一點心思、多花一點時間工作、多一些思考，或在實驗室中多試驗一次。無論你想

追求什麼，你都必須強迫自己增強能力以實現目標。

在市場競爭日益激烈的今天，任何東西都可能成為「成大事」或者「亂大謀」的決定性因素。家樂福光是在選擇商圈上就可謂細緻入微，它透過步行距離來測定商圈；用自行車的行駛速度來確定可涵蓋的區域，然後對這些區域內的人口規模和特徵再進一步的細化，例如年齡分佈、文化水準、職業分佈以及平均收入等。如此細微的規劃和考察，是家樂福一直保持在零售業第一名的關鍵原因之一。

類似的「以細節取勝的經營之道」逐漸成為一種流行的趨勢，例如很多餐廳準備了專供兒童使用的安全座椅；商場在晚上關門前會播放諸如《回家》、《晚安曲》之類的音樂，讓客人在悠揚的音樂聲中把輕鬆帶回家。

三、避免粗心大意，造成後悔莫及

德國人李比希是十九世紀最傑出的化學家之一。一八二五年，李比希從法國著名化學家蓋•呂薩克那裡學成歸來，年僅二十二歲，便已是吉森大學的教授。

一天，一個製鹽工廠的熟人給他送來了一瓶浸泡過某種海藻植物灰的母液，請他分析鑑定其中的化學成分。經過一番處理，李比希從中提煉出某些鹽類，他又將剩下的母液與氯水混合，再加一點澱粉試劑，母液立即呈藍色，這說明母液中含有碘化物。第二天一早，李比希又拿起這溶液來看，發現在藍色的含碘溶液上面還有少量的棕色液體，這液體是什麼呢？他並沒有進一步深入研究，想當然地斷定它是氯化碘，於是馬上貼標籤，實驗便告結束。

一年以後，一位與李比希同齡的法國青年巴拉，因為家境貧寒，一面在當地學院讀書，一面在藥學專科學校實驗室當助手。他沒有輕信李比希的結論，而對棕色液體進行多方試驗，結果發現了一種化學性質與氯、碘極為相似的新元素「溴」。李比希因為自以為是、忽視細節，而與一個重大的發現，同時也是一個重要的機會失之交臂。為了永生不忘這一深刻教訓，李比希每當指導學生實驗時，就將「氯化碘」標籤拿出來，告誡學生不得粗心大意，而應留心細節的發現。

無論做什麼事情，只要懂得並且學會了耐心細緻，才能處理的更好，也往往會有更多的成功機會。

【智慧語錄】

工作中無小事，所有的成功者與我們一樣，每天都在對一些小事全力以赴，唯一的區別是他們從不認為自己所做的事是簡單的小事。

任何小事都不是孤立的，都和大事聯繫在一起。小事是大事的組成部分，包含著大事的意義。做好小事是完成大事的基礎和前提，因此對工作中的小事絕不能採取敷衍應付或輕視懈怠的態度。

關照小事，成就大事

「細微之處見精神」，有做小事的精神，才能產生做大事的氣魄。

看見微不足道的小事

萬事之始事無巨細，好多事情看起來是微不足道，甚至是與大事無關緊要的小事，可這小事會帶來一系列的連鎖反應，最終決定著事情的成功與失敗。

世界著名的德國物理學家、生物學家——亥姆霍茲，將自己一生的成就歸功於一次傷寒的發作。他認為正是由於當時得了傷寒，無法出門，自己才能夠靜下心來關注身邊的細節，進而激發出前所未有的熱情，讓那架望遠鏡把他帶入了科學的殿堂，並讓他日後在這個領域裡聲名大噪。

偉大的雕塑家——加諾瓦，當他的一項傑作即將完成時，有一個人在一旁觀察。在這個人眼裡，藝術家的一刻一鑿看上去是那麼的漫不經心，便認為藝術家只不過是在做樣子給他看罷了，可是藝術家說：「這幾下看似不起眼，其實卻是最為關鍵。正是這看似漫不經心的一刻一鑿，才把拙劣的模仿者與大師真正的技藝區分開來。」

當加諾瓦準備開始雕塑他的一件偉大作品《拿破崙》時，突然發現那塊備用的大理石紋理上隱隱約約能夠看出來有一條紅線，於是他立即換了石料，儘管這塊大理石價值不菲，但是他的鑿子再也沒有動過它一下。

許多人之所以能夠發展突出的成就，與他們重視細節的態度是分不開的。

關注細節的天才

查理斯・狄更斯在其作品《一年到頭》中這樣寫道：「什麼是天才？天才就是注意細節的人。」的確，無數事例證明：關注細節會讓人更容易走向成功，而忽視細節就很可能導致失敗。那麼我們應該從哪些方面來做到關照小事，成就大事呢？

一、懂得偉業成就於小事

大約半個世紀以前的一個晚上，在蘇格蘭北部的一家鄉村旅館門前，一個人停下了腳步，他要投宿在這家旅館。這時，有信差來給老闆娘送信。老闆娘接過信，審視一番後，又原封不動地把信還給了信差，並對他說自己支付不起郵費。那位投宿的客人見狀，堅持替老闆娘付郵費，當信差離開以後，老闆娘坦誠地對客人說：「其實信裡根本沒什麼內容，寫信的是與我相隔甚遠的弟弟，因為郵資昂貴，所以我們約定好寫信的時候，在信封上做些特殊的標記來告訴對方自己是否生活得很好。」

這件事情如果是別人碰到，可能會覺得新鮮，或者對姐弟倆的聰明感慨一番，然後了事。然而，那位客人卻由這樣一件小事意識到了人們需要一種價格低廉的郵政方式，而這位客人就是當時著名的國會議員——羅蘭德・希爾。幾個星期後，他便向國會眾議院提出了一項降低郵費的議案，這才有了費用低廉的郵政制度，也因此讓他得到更多選民的愛戴，站穩了政治地位。

小剛和志翔是大學同學，畢業後他們一起去尋找工作。兩人在路上的時候都看到了地上的一枚硬幣。小剛對此不屑一顧，而志翔卻欣喜地將硬幣撿起來。

最後，兩人一起去了一家公司，然而他們卻發現那家公司很小、工作累、工資低。於是，小剛頭也不回地走了，而志翔卻高興地留了下來。兩年後，兩人又相遇了，這時的志翔已經有了自己的小公司，而小剛卻還在尋找工作。

「不積跬步，無以至千里。不積小流，無以成江海。」一夜致富的人畢竟是少數，錢財靠的是一分一分地積累，高位靠的是一步一步地攀登。誰想一步登天，誰就永遠只能在最低處仰望。

二、大處著眼，小處入手

海爾集團總裁張瑞敏曾經說過：「企業管理中我信奉這麼一句話：『每天只抓好一件事等於抓好了一批事，因為每一件事都不是孤立的，抓好了一件事會連帶著把周圍的一批事都帶動起來。』企業中，有時一些看似無關緊要的小事，卻與大方向息息相關，一些看似平淡的小細節，卻反應著大問題。」

一九九七年，某位記者在海爾工業園中，發現有間洗衣機公司的女廁裡，衛生紙盒被加了一把鎖，記者問清潔工為什麼這樣做，他回答說：「員工素質太低了，不加鎖，衛生紙就會被人拿走了！」於是記者隔天發表文章《誰來「砸開」這把「鎖」》，文章分析道：這一鎖暴露了兩方面的問題，一是員工觀念、素質急待提高。上鎖很簡單，但這鎖能提高員工素質嗎？衛生紙盒可以鎖，其他問題呢？二是因為老闆頭腦中有一把「鎖」，它放棄了最艱苦的工作——教育員工、提高員工素質。老闆沒有把教育員工當作「長期作戰」的戰略來部署。文章希望老闆能從頭腦中「砸開」禁錮自己思路的這把「鎖」！

文章的發表，立刻引起了迴響，海爾集團大大利用此事讓所有員工參與討論，反思一下自身的素質狀況：生活中的鎖打開了，那頭腦中的「鎖」呢？以小見大，以小帶大。海爾集團的這種做法充分說明了小事的作用，說明了工作中無小事。

很多時候，一件看起來微不足道的小事，或者一個毫不起眼的變化，卻能實現工作中的一個突破，甚至改變商場上的勝負。所以，在工作中對每一個變化、每一件小事我們都要全力以赴地做好，從小事上尋求突破，解決工作中的大問題。

擔負著企業生死存亡責任的企業家們，在綜觀企業全領域的同時，不妨試著從小事上去尋求突破，從大處著眼，從小處入手。

三、為人處世，事無巨細

中國有家工廠，為了能從美國引進一條生產無菌輸液軟管的先進管線，曾做了長期的艱苦努力，終於說服了對方。可是，也就在簽約的那一天，在步入簽字現場的剎那，中方廠長突然咳嗽了一聲，一口痰湧了上來，他看看四周，一時沒能找到可供吐痰的痰盂，便隨口將痰吐在了牆角，並小心翼翼地用鞋底蹭了蹭，那位美國人見此情景不由地皺了皺眉。

顯然，這個隨地吐痰的小小細節引起了他深深的憂慮，輸液軟管是專供病人輸液用的，必須絕對無菌才能符合標準，可西裝革履的中方廠長居然會隨地吐痰，想必該廠工人素質不會太高，如此生產出的輸液軟管，怎麼可能絕對無菌！於是美國人當即改變主張，斷然拒絕在合約上簽字，中方將近一年的努力，也便在轉眼間化為泡影。隨地吐了一口痰，結果砸了一筆大生意，可真是欲哭無淚！

每天我們都置身於不同的場合，作為社交一分子，我們要做的就是讓自己的行為與場合和身份相稱。但是，偶爾一疏忽就會露出馬腳，這個時候你不妨檢查一下自己有哪些不得體的小動作，並改善它，相信對自己必定有所助益。

有些耳癢的人，只要他看見什麼可以用，就會隨手取來掏耳朵，尤其是在餐廳，大家正在飲茶、吃東西的當下，掏耳朵的小動作，往往令旁觀者感到噁心，這個小動作實在不雅，而且失禮；有些頭皮屑多的人，在社交的場合也忍耐不住皮屑刺激而搔起頭皮來，搔頭皮必然使頭皮屑隨風紛飛，這不僅難看，還會令旁人大感不快；宴會席上，誰也免不了會有剔牙的小動作，既然這小動作不能避免，就得注意剔牙的時候不要露出牙齒，更不要把碎屑亂吐一番，這是失禮的事情，最好是先到化妝室整理一番再出來吧！

不要以為這些事情不重要，它可是會嚴重影響到你的社交形象，以及你在他人眼中的印象。

【智慧語錄】

生活總是充滿了各式各樣的平凡瑣事，它們非常不起眼，極其容易被人忽略。然而，這些小事中往往都含著一些發酵物質，當這些物質膨脹以後，就會使生活產生劇烈的變化，進而影響人的一生，甚至改變人的命運。能夠成就偉業的人，絕不會忽視這些微不足道的小事。

把小事做細，才能把事情做好

很多小事，你能做，別人也能做，只是做出來的效果不一樣。往往是一些細節上的功夫，決定著事情完成的品質。

盡力做好每一件小事

生活中很多有成就的人都是從一點一滴的小事做起來的，但有很多人都無法做到從小事做起，認為從小事做起不能掌握到高層次的知識，只有沒有志向的人才會做那些沒有價值的雜活，且念念不忘高位、高薪，如果得不到這樣的結果就會覺得英雄無用武之地，但讓他們負責具體工作時，總會想：「如此枯燥、單調的工作，毫無前途的職業，根本不值得我付出全部心血去做。再說，這種平庸的工作，做得再好又有什麼意義？」漸漸地，他們開始輕視自己的工作、厭倦生活。這必然會導致一些人在進入社會很久之後仍然一事無成。

看不到細節，或者不把細節當回事的人，對工作缺乏認真的態度，對事情只能是敷衍了事。這種人無法把工作當成一種樂趣，而只是當做一種不得不受的苦役，因而在工作中缺乏工作熱情。他們只能永遠做別人分配給他們做的工作，甚至即便這樣也不能把事情做好。而考慮到細節、注重細節的人，不僅認真對待工作，將小事做好，而且注重在做事的細節中找到機會，從而使自己走上成功之路。

累積一點一滴的小事，最後終能看到成果。就像愚公移山那樣，他讓子子孫孫都致力於移山這件事，堅持不懈地一鏟一鏟、一筐一筐地挖出山石，運往海邊。對於一座大山而言，一鏟一筐是多麼的微不足道！然而，只要他們堅持專注地去做，終有一天會成功。由此可見，如果你根本不屑於做那些平凡的小事，那麼不管你的志向有多麼高遠，也只能是一個五彩斑斕的肥皂泡，雖然美麗，卻不能成真。

美國西北部有一個叫本頓維爾的小鎮，一九六二年七月，一家名為沃爾瑪的普通商店在那裡開業了，店主是一位四十四歲的退伍男子，名叫沃爾頓。三十多年後，沃爾瑪成為全球最大的商業連鎖集團。美國《財富》雜誌在二〇〇一年所公佈五百家最大公司排名中，沃爾瑪勇奪冠軍，創下了一個商業奇蹟。

走進沃爾瑪連鎖店，在被其巨大的面積所震驚的同時，更會被它的便宜價格所打動。同樣一件商品，沃爾瑪的售價至少會比其他商店低百分之五。不過，讓人印象格外深刻的是這裡每一位工作人員的微笑，都是那麼親切而自然。

在很多人看來，巨大的面積、低於其他店幾個百分點的價格、親切的微笑，這些都不是什麼了不得的大事，每個人都能做到，但是具備這種能力的人或企業卻不一定都會去做，因為很多人認為這些小事並不值得他們去做。但是，沃爾瑪專注地去做了，結果，他們憑著細緻入微的服務贏得了顧客，進而創造了商界的一個奇蹟。

處理好每一件小事

當你遇到問題，一時難以決定怎麼解決時，不要盲目行動，而應仔細地考慮一番，等到你對那個問題完全瞭解，對於解決方法也有了充分的把握之後，不妨這時再做決定，因為這時你已經無所顧忌了。那麼，在生活和工作當中，我們在處理事情的時候，應該注重哪些方面，才能將小事做細，把事情做好呢？

一、只要肯用心，廢物也能變寶生財

「石樑酒業」每年產生的二萬二千噸固體廢物，企業將其利用和處置率達到了百分之百。其中廢紙和廢玻璃只是「冰山一角」，啤酒糟、黃酒糟、廢酵母、過濾酒液剩下的廢矽藻土才是大宗。企業專門建有啤酒糟貯罐，承包單位把載重卡車開到三層樓高的貯罐下，操作員只要一開貯罐閥門，酒糟就會直接倒在車廂裡，乾乾淨淨，雙方都很省力。這酒糟是很好的飼料和肥料，甚至還能生產醫藥半成品，而生產過程中排放的廢酵母泥和廢矽藻土也被分開處理。廢酵母泥在汙水處理站壓成泥餅，賣給承包人當田間的有機肥料，而廢矽藻土由承包人收去後，製成飼料添加劑。因為企業先行將固體廢物分類蒐集，利用率大大提高，回收單位降低了成本，有利可圖，所以也樂意出錢收購。

除了對固體廢物進行分類處置、綜合利用外，「石樑酒業」停燒所有的鍋爐，改用集

中供熱，廢水全部經過汙水處理後達標排放，使每噸酒耗水量、耗煤量分別降低百分之三十和百分之十五。

就這樣，別家企業要花錢請人來處理生產中的廢棄物，而浙江石樑酒業的生產型廢品卻有人搶著要，以至於公司不得不為此公開招標，每年這家企業光「賣廢品」就能賺五百萬元人民幣。

二、凡事多考慮細節

著名的發明家愛迪生在談到自己做事的原則時說：「有許多我自以為對的事，一經試驗之後，往往會發現錯誤百出。因此，我對於任何大小事情，都不敢過早地決定，而是要經過仔細權衡後才去做。」而在現實中我們會發現，有的人在遇到事情時不加考慮急於去做，事後又後悔不已，給人留下一種魯莽的感覺。如果他能在遇事時多考慮一會兒，仔細權衡一下，雖然並不能保證他一做就會成功，但如此一來他的成功率會高，也會給人留下成熟穩重的印象。

有位家庭主婦的朋友介紹她到某個銀行去存錢，這個主婦對朋友說：「這家銀行的信用如何我不大清楚，讓我考慮一下好嗎？」在考慮的這段時間，她積極蒐集有關這個銀行的資訊，並偶然在一個聚會上見到了這個銀行的董事長。主婦發現了這個董事長精神不振，不是一副事業得意的樣子，她從這個小細節裡推測到這個銀行可能不景氣，於是，把錢存進了另外一家銀行，過後不久，朋友介紹的那家銀行果真倒閉了。

如果這位主婦遇事不思考，輕率地把錢存到那家快要破產的銀行，其結局可想而知。遇事多考慮一段時間，尤其是遇到你需要決定的事情，要先問自己是否已經把該考慮的事都想到了？有沒有什麼遺漏？這件事是不是可行的。在對待問題時，理智地做出選擇，這樣做，你才能事事遂意，才能成為一個成熟的人。

三、做小事也需要專注

約瑟夫・格魯尼在寫給兒子的信中說道：「無論做什麼事，學習、工作或是生活，你都必須全心全意地投入。希望你記住，做任何事情都不可三心二意，更不能見異思遷。」專注「任何事」，也就是說，我們不僅要專注於大事，還要以同樣的態度專注於小事。

英國政治活動家愛德華・利頓說：「很多人看我每天忙忙碌碌，事無巨細全都顧及之外還能抽時間來研究學問，他們都會好奇地問我：『哪來那麼多時間去做那麼多工作，難不成你會分身術？』其實，我的答案很可能出乎他們的意料之外，我說：『我之所以可以做到這些，主要原因是我不會同時做好幾件事情。一個會從容安排工作的人，肯定不會使自己過度勞累；也就是說，倘若他今天疲於奔命，那麼明天的他必定會非常疲倦。如此一來，明天他就不得不減緩工作節奏，結果便會得不償失。』我認為，真正專心致志地學習是從步入社會之後才開始的。到目前為止，我感覺我在生活閱歷和知識的積累方面不遜色於任何人，我也在政界和各種各樣的社會事務中收穫了許多。另外，我還出版了大約六十卷的著作，其中有許多課題是需要深入研究的。事實上，我每天並沒有太多的時間來研究、閱讀和寫作，用在這些上面的時間，每天最多不會超過三個小時，遇上國會開會，能夠用於它們的時間更是少之又少。我之所以用很短的時間能夠取得成就，得益於我能夠全神貫注地去做它們。」

在眾多的成功人士當中，那種天資聰穎的人並不多，反而是很多資質平平的人開創出了一片屬於自己的天空。這其中有一個重要原因，就是他們能夠專注於某個領域的某項事業，專注於某項事業的所有細節，只有努力做到專心致志地對待每一件事，哪怕是特別小且平凡的事情，你也能成就大事、創造奇蹟。

四、認真做好每件小事

不要小看做小事，也不要討厭做小事，只要有益於工作，有益於事業，人人都應從小事做起，用小事堆砌起來的事業大廈才是堅固的，用小事堆砌起來的工作長城才是牢靠的。有位智者曾說過這樣一段話，他說：「不會做小事的人，很難相信他會做成什麼大事，做大事的成就感和自信心是由小事的成就感積累起來的。可惜的是，我們平時往往忽視了它，讓那些小事擦肩而過。」

有位女大學生，畢業後到一家公司上班，只被安排做一些非常瑣碎而單調的工作，例如早上打掃環境衛生、中午預訂便當。一段時間後，女大學生便辭職不做了。他認為自己不應該蜷縮在「廚房」裡，而應該上得「廳堂」。

可是一屋不掃，何以掃天下。一個普通的職員，即使有很好的見解，但在被重用之前，也要受一段長時間的煎熬，努力做出能讓別人傾聽到自己意見的資格和成績，如此在別人眼裡，你才能舉足輕重，不易被人忽視。

因此，從小事做起的工作，年輕時就應努力去做好。曾有一位人事部經理感嘆道：「每次招聘員工，總會碰到這樣的情形：研究生、大學生與專科生相比，我們也認為研究生的素質一般比後者高，可是，有的研究生自詡為天之驕子，到了公司就想當主角，強調待遇，別說挑大樑，真正找件具體工作讓他獨立完成，卻往往拖泥帶水、漏洞百出。本事不大，心卻不小，還瞧不起別人。大事做不來，安排他做小事又覺得委屈，埋怨你埋沒了他這個人才，不肯放下架子做事。我們應徵人來是做事的，做不成事，光要那研究生的架子做什麼？所以有時候，研究生、大學生與專科生相比之下，大學生與專科生反而更實際、更有用。」現在，社會上有的企業急需人才，而有的研究生卻被拒之於門外，不受歡迎、不被接納，對此現象，該人事部經理算是道出了其中緣由。

【智慧語錄】

我們的生活由一個又一個的細節組成，細節在我們的生活當中無處不在。但是，什麼是細節呢？細節，是指細小的環節或情節，而不是瑣碎的事情、無關緊要的行為。

絕招，是用細節的功夫堆砌出來的

一個微小的錯誤會毀壞一個公司，一個微不足道的動作，同樣可能會改變人的一生。

從百分之一的細節創造百分之百的商機

相關細節的有效運用，可以使廣告具有相當的說服力。一般情況下，可以用消費者使用產品的經驗進行表現，或是將產品在生產時的過程進行有效呈現，將商品本身中存在的細節特徵表現出來。

如萬寶路香煙的一則廣告正文是：「新濾嘴盒裝在奔跑時香煙仍能保持不掉，煙絲絕不漏到你的口袋。」目前零售業同質化嚴重，經營種類大同小異，商品價格已經殺到底線，零售企業要在競爭中勝出，必須做好每一個細節，包括銷售能滿足廣大消費者需求的商品、熱情周到的服務。

細節細到掌握每天、每一個小時的氣溫變化，這正是日本著名企業伊藤洋華堂的經營絕招。因為對於行銷來說，最重要的是顧客行為；天氣變化對我們的經營活動、顧客的購物取向都有很重要的作用。

我們正處於「細節」的時代，產品、服務、管理等微小的細節差異，有時會放大到整個市場上變成巨大的佔有率。一個公司在產品、服務和管理上有某種細節上的改進，也許只給用戶增加了百分之一的方便，但在市場佔有的比例上，這百分之一的細節則會引出幾倍的市場差別。原因很簡單，當使用者對兩個產品做比較之時，相同的功能都被抵消了，對決策起作用的就是那百分之一的細節。對於客戶的購買選擇來說，是百分之一的細節優勢決定那百分之百的購買行為。故此，微小的細節差距往往是市場佔有率的決定因素。

堆砌細節的真功夫

許多人認為，偉人就是只做驚天動地大事情的人，實則不然，以對世界頗有貢獻的發明家們為例，無一不注重細節，他們從日常生活所發生的小事中得到發明靈感，進而創造出偉大的發明物。反而那些對自己的本性毫無認識，永遠不屑於做細微之事的人，永遠成就不了任何大的功業。所有的成功因素，都是用細節的經驗和對細節的操作而取得的，我們要如何才能做好細節的堆砌功夫呢？

一、不斷的追求細節問題

裕隆集團一手催生的汽車品牌「納智捷（Luxgen）」在試車期間，董事長嚴凱泰及高級主管們全都得親自開著「納智捷」找問題、試車性，三不五時就可聽到「我剛剛又試了車用智慧型多功能系統，我想再調整一下可以更順，對了！你有沒有發現車座下方可以再調整……。」就是這麼戰戰兢兢、不容一點失誤、不放過任何可以讓車子變得更舒適的小細節，才讓「納智捷」推出後，獲得廣大迴響。

吳宇森導演第一次到《賽德克・巴萊》片場，就告訴魏德聖導演：「你若是經營到細節，那就不用擔心，整個場面一定會好看，如果只有『砰、砰、砰』這種漂亮的爆破場面，就沒有細節可言，沒有細節，觀眾會疲勞，有了細節，觀眾就會驚訝，那場霧社事變能不能把祖先、祖靈的概念放進屠殺的現場？」於是，在吳宇森導演的建議下，就有了在濃霧中，一群賽德克族的祖靈遊蕩在充滿殺戮的公學校會場上，呈現出驚心動魄的大場面，使《賽德克・巴萊》成為揚名國際的曠世鉅作。

二、做好細緻、準確的調查研究

美國汽車普及率居全球之冠，每一百人平均約有六十輛車，目前在全美國有超過一億輛車在行駛著。美國每年銷售新車約一千四百萬輛，是全球最龐大的汽車市場，所以美國又是全世界汽車業最重要、競爭最激烈的地方。

但是美國在汽車界龍頭老大的地位，逐漸在二十世紀七〇年代石油危機之後發生了動搖，這主要是因為日本小型汽車的崛起。從七〇年代到九〇年代，日本汽車大舉打入美國市場，勢如破竹，給美國汽車市場造成巨大損失。追究其中的根源，就是在於日本汽車企業制定了「一切圍繞細節」的戰略決策。

豐田公司在汽車的市場調查研究這件事上，充份的表現出了日本人特有的精細。在二十世紀九〇年代的一件小事，說明了豐田公司市場調研的精細程度：一位彬彬有禮的日本人來到美國，沒有選擇旅館居住，卻以學習英語為由，跑到一間美國家庭裡居住。奇怪的是，這位日本人除了學習英語外，每天都針對美國人居家生活的各種細節勤做筆記，包括吃什麼食物、看什麼電視節目等，全在記錄之列。三個月後，日本人走了，此後不久，豐田公司就推出了針對美國家庭需求而設計的露營車，且大受歡迎。該車的設計在每一個細節上都考慮了美國人的需要，例如美國男士，特別是年輕人喜愛喝玻璃瓶裝飲料而非紙盒裝的飲料，日本設計師就專門在車內設計了能冷藏並能安全放置玻璃瓶的櫃子。直到該車在美國市場推出時，豐田公司才在報上刊登了他們對美國家庭的研究報告，並向那戶人家致歉，同時表示感謝。

正是透過這樣一系列細緻的工作，豐田公司很快掌握了美國汽車市場的情況，至一九七五年時已成為美國最大的汽車進口商。試想，如果日本豐田公司不做如此細緻、準確的市場調查研究的話，能有現在這樣輝煌的情形嗎？

三、要有眼光和創造性

當美國大眾視馬車為主要交通工具時，馬車夫們都是漫天喊價，沒有標準可循，所以常與客人發生爭吵。亞倫雖出生於大富翁家庭，但也曾因為車費問題與馬車夫發生爭執，而遭一頓辱罵和毒打。在憤怒之際，他決定創辦一個新行業取代馬車行業。冷靜後，他找來各國有關交通工具的資料，詳細地加以研究，從人力三輪車到騾馬、轎子，經過種種比較，覺得都不足以超越馬車，最後他想到當時正在迅速發展的汽車，並預測到這是一個非常有發展前途的行業。

亞倫很快擬訂了汽車代替馬車的計畫，針對馬車缺點，他制訂出計程車行業的最重要特點——按里程收費，不能任由司機亂開價。

亞倫理想中的汽車，要比馬車靈活，甚至小街小巷都能開進去，但當時美國生產的汽車既難看、又笨重，根本不適合做一般人用的交通工具，即使勉強使用，也不會比馬車更受歡迎。於是亞倫跑遍了歐洲國家，最後選定了法國生產的一種四缸十六匹馬力的汽車，這種車子幾乎比美國車小了三分之一，亞倫一次訂購了二十四輛，從當時看來，是個大手筆。

汽車運回美國後，亞倫進行了統一標識，為了標明這些汽車是出租的，他想在每部車上寫上「計程車」字樣，且文字的含義裡，要讓人一看就明白是按路程遠近計算的，不是由司機亂開價錢。但當時在英文裡，找不到適當的字來表述這個意思，後來，亞倫記起在法國時看到的一個字「Taxlnleetr」，它的意思是以公尺的長度來計算出租馬車車費。他想，如果把這個字借用過來，再加敞頂小汽車（Cab）不就行了嗎？

於是，計程車「taximtercab」這個字第一次在美國出現了。這個字用了不久，亞倫覺得寫起來太麻煩，而且作為他的汽車標識不夠動人，記憶點也不足，於是乾脆把後面的「meler」刪掉了，縮寫成「taxicab」。

接下來還要解決的困難，就是計程車表，如果沒有這個東西，計程車就等於名不符實了。據說，這個表是由亞倫提出構想，請他一位修鐘錶的朋友發明，而他這位朋友也因此變成了大富翁。就這樣，在一開始經營計程車中所遭遇的難題，都被亞倫的靈活創新給一一克服了。

開幕式後，二十四部車子在街上列隊通過，空前壯觀，為了加強宣傳效果，亞倫在每部車子上還掛上各種標語，來說明他這一新興行業的特性，例如：「多少路，付多少錢！」、「一樣的路程，絕不要兩樣的車錢！」在與馬車行業的較量中，亞倫的新興行業很快取勝。而為了平息馬車夫們對他的抗議，亞倫提出幫助他們加入計程車行列的辦法，還發動輿論界撰立，說明計程車是時代的必然產物，是任何力量都不能夠抗拒的。

亞倫的成功，就在於他能夠看到馬車行業的缺點，從中創新，並以有發展前途的汽車作為創新的工具。

【智慧語錄】

細節有時像一道閃電，將一個人情感和靈魂深處的東西照個通透，特別是對身在職場的人來說，細節雖小，但它的力量是難以估量的。職場有細節，卻無小節。不拘小節的人，很多時候並不受青睞。「細節」是大多數人所忽視的東西，但卻往往成為注意細節者的「獨門兵器」，使他們很快地脫穎而出。

別讓「不小心」上癮

疏忽乃人之常情，但切記要杜絕這種「壞習慣」，並將「零缺陷」的思維深耕在自己的心中。

許多小疏忽，造就大災難

災禍往往由小事而起，誰估計過世界上因為「不小心」而造成生命的損失、人體的傷害和財產的損失呢？

因疏忽而造成的大災禍，是非常可怕的！比如車輛疏於保養，輪胎摩擦力不足竟然造成傾覆，釀成火燒車意外；家中電器使用過量，導致電線走火，房屋焚毀；由於鐵路員工的疏忽、扳道工和列車司機、機械工的不謹慎，使得更換軌道作業時鐵軌因小裂縫無法密合，造成翻車之禍，傷害許多生命；因為隨手扔一根燃著的火柴、一個香煙頭，結果竟然星星之火得以燎原，造成森林大火；有人從高層住宅上隨手扔下一個酒瓶，竟將從樓下經過的行人砸死；一家度假村不在玻璃門上做警示標記，結果讓奔跑的小孩一頭撞上，受了重傷等等。人們往往注意大事卻疏忽小事，但誰知道闖大禍的就是那些小事！

有許多意外，都是可以預防的，只要你細心觀察、留意細節，會發現有許多災難、禍事，原本都是不會發生的，往往都是人的疏忽，才讓它們有出現的機會。

戒掉所有會讓你「不小心」的壞習慣

在人類歷史上，充滿著由於工作疏忽而造成的各種可怕的慘劇。世界各地都可以見到因工作疏忽而造成的慘禍，比如許多斷腿折臂的殘疾人就是因工作的疏忽和輕率所致。我們能如何去擺脫這些「疏忽」，而不讓「不小心」而上癮呢？

一、擺脫「差不多就好」

「差不多就好」是我們在工作中經常抱有的一種心態，而「零缺陷」則意味著我們每一次都要滿足工作過程的最高要求。「零缺陷」是克勞士比最先提出的思想，它是一種新的科學思維方式，是一種積極心態，是企業參與國際市場競爭的唯一途徑，也是一個提高個人能力和公司整體素質，最大限度地發揮公司整體功能，弘揚公司企業文化的契機。無論是個人還是組織，只有追求產品的「零缺陷」，才能被大眾所接受。

日常生活中，我們購買電視機、電冰箱等商品時所用的挑剔眼光，就是「零缺陷」的眼光、就是「零缺陷」的標準，那麼，我們為什麼不能用「零缺陷」的思想來做好我們的工作呢？只有將「零缺陷」的思想與重視細節的工作作風融合起來，才能走出「差不多就好」、「馬馬虎虎」的錯誤框架。

實際上，「零缺陷」表達的是一種決不向任何不符合最高要求的做法妥協的決心。它要求人們努力工作，把工作當成自己的事情來做，達到「零缺陷」的境界。推行「零缺陷」管理思想是歐美企業界當前的一項日常工作，他們追求的產品品質標準都是「零缺陷」，而不是「差不多就好」。

為了實現「零缺陷」，組織或個人必須符合顧客要求，預防缺陷產生，保證交付一次合格，因為「零缺陷」是預防出來的，而不是檢驗出來的。檢驗過程是在過程結束後，缺陷已經產生，而把壞的從好的裡面挑出。檢驗只能反映事情的發生，是事後把關，不能產生品質。而預防則可防止某些缺陷發生，只有預防，才能產生品質。儘管預防要產生一些費用，但整體上仍是較便宜的經營之道。

在企業的生產環節中，採取預防性措施，對品質進行管理主要表現在兩個方面：一是控制，主要是指管理階層和設計的工作，包含管理、計畫、經營、設計等企業內部的各個環節；二是操作，是指一種產品在製造過程中的各個工序或流程，包含工人、工作的各個環節。在一個企業裡，必須將「控制」和「操作」兩個方面的工作做好，才能夠製造出「零缺陷」的產品。

二、做到謹慎細心地工作

一個傢俱店的主人對一個新進店做雜工的學徒說：「喂，雜工！那件工作做到一個段落就夠了，不用多花時間也不用多做，多做也不會多工錢。」每當這個學徒有幾分鐘空閒的時候，主人便去拿幾件工具，來叫這個學徒來修理傢俱，不久這個學徒技藝大有長進，店主便不再叫他雜工，派他專門修理傢俱。店主常對他說：「一根鐵釘就夠的地方，絕不要用兩根。一個鐘頭可做完的事情，不要花上兩個鐘頭。我們的工作做得太講究，是不划算的。」但是那個學徒對自己的要求，絕不是「夠好」或是「尚可」，他對於自己所做的每一件事情都有恆心，不成功絕不停止，他總是竭盡全力，要求盡善盡美。由於他做事精細，幾年之後有機會晉升到一個重要的職位，手上掌管著數百名員工。

所以，絕對的正確和精細，是每個人從事任何職業的重要資本，有了這種資本，雇主自然會器重，也會得到一般顧客的信任。如果每一個人能把自己的全副心思放在工作上，人人都能謹慎小心地工作，那麼不但生命的喪失、身體的損傷、物質和金錢的損失，可以比現在大大地減少外，在人們的人格與品質，也可以有一個大大地提高。

三、不要疏忽小事

許多時候，我們會不經意地忽略、打發掉一些自認為不重要的事情或人物，但這種隨意不負責、不敬業或者是不道德的行為，必定會造成一些很不好的影響或後果，在你以後的人生道路上，不一定在什麼時候突然顯現出來，令你對當年的行為後悔不已。有時往往是在一些小事上的疏忽大意、不加重視，而致使自己失去了大好的發展機遇。

想想看，在你的工作事業中，是否曾隨意打發過小人物、小事情呢？記得，種下什麼種子，將來必定收穫什麼樣的果實，這就是老百姓常說的因果報應，請認真對待你身邊的每一件事，每一個人，以及你自己。

有個伐木工人在一家木材廠找到了工作，報酬不錯，工作條件也好，他很珍惜這份工作，下決心要好好貢獻己力。

第一天，老闆給他一把利斧，並給他劃定了伐木範圍，這天工人砍了十八棵樹，老闆說：「不錯，就這樣繼續保持下去！」工人很受鼓舞；第二天，他砍得更加起勁，但是他只砍了十五棵樹；第三天，他加倍努力，可是只砍了十棵。

工人覺得很慚愧，跑到老闆那兒道歉，說自己也不知道怎麼了，好像力氣越來越小了。老闆問他：「你上一次磨斧頭是什麼時候？」

「磨斧頭？」工人詫異地說，「我天天忙著砍樹，哪裡有空閒磨斧頭！」

可能你的主要工作是「伐木」，但也別忘記「磨斧頭」這類的小事，有時一件小事就能讓你事半功倍，讓你的命運發生轉折。所以，認真地對待每一件小事吧。

【智慧語錄】

有許多時候，我們經常用「沒什麼影響」、「微不足道」等此類的話來為自己的小錯誤、小毛病開脫，自認為這點問題沒什麼了不起，其實有了開頭，就會有持續下去的慣性，終究會給你釀成難以下嚥的苦果。

第二章
工作徹底 做事到位

做工作就要將工作一次性做徹底，不能有始無終，也不能忽略非重點性的工作。同時，在工作當中還應當注意一些小事、一些平凡的事情，處處留心皆學問，只有將小事都處理好了，才能夠更有效的掌握和處理大事情。

要徹底就不要半路剎車

確認目標，一步步朝著目標前進，並貫徹始終。成功，必手到擒來。

凡「對的事」，必堅持到底

有一首歌的歌詞寫得很好：「不論有多苦，我會全心全意，堅持到底。」我們碰到困難，決不要輕言退卻，要把困難當成對自己的試煉。

第二次世界大戰時期，美國有位海軍上尉叫史密斯，他發現一種打靶的新方法很好，用來訓練炮手一定能收到極好的效果，而且還能節省不少炮彈。於是，他寫了一封申請信，建議上司採用，但令他失望的是他的上司對於這個意見毫無興趣，未予批准。但史密斯沒有放棄，他繼續寫信給更高位的長官，但他的提議也一次次被駁回。於是，他便決定直接給羅斯福總統寫信。

依當時的軍法，一切下級軍官的公文，均須申交直屬的上級，然後由那位上級再依次轉交上去。現在史密斯竟直接上書到總統手裡，很明顯已嚴重超越了軍規。

那麼，他的下場如何呢？他不但沒有被懲處，而且還得到了羅斯福總統的認可。

按照史密斯的提議，他們在沿海某處圈定了一個目標，先令軍艦上的炮手沿用舊方法開炮打靶，結果白白耗費了幾個鐘頭的時間和大批的炮彈，卻一次也沒有擊中。而採用新方法效果卻截然不同，羅斯福因此對他大加讚賞。

史密斯對於他的意見，有著充分的自信，碰壁而不退卻，絕非追求名利之輩可比。如果當初他不能確定舊法的落伍和新法的可靠，便冒昧地到處亂投書，那結果之糟，必定不堪設想；如果當初他遇到挫折後而灰心，不再堅持自己的正確主張，那他也不會如願以償，獲得圓滿結果。由此可見，凡事只有堅持到底，才能夠獲得最後的成功。

培養出鋼鐵般的意志

很多人做事往往會猶豫不決，然而要戰勝猶豫不決心態的方法其實很簡單，那就是始終掌握住自己的目標，這樣你就會堅定地向著一個方面努力，自然也就沒有猶豫可言。

但如何才能將事情做徹底，而不是在半路剎車呢？

一、學會克制自己

一天，小鎮上貼出了一個非比尋常的招聘啟事，吸引了眾人駐足觀看。那啟事寫著：招聘一名懂得克制自己的年輕人，月薪四百美元，表現得優異可增加至六百美元，且有升遷機會。

說它不尋常就是因為它的內容是「懂得克制自己的人」，大人和小孩都無法理解這一點。很多大人鼓勵自己的孩子去參加應聘，負責招聘的人給前來應聘的年輕人一段文字，問：「你能讀嗎？」

「能啊。」

「那持續不斷地閱讀這一段，可以做到嗎？」招聘者再問。

「可以啊。」幾乎所有的應聘者都脫口而出。

「那好吧，你們一個一個來。」

那段文字被交到一個年輕人手裡，他開始閱讀。這時，負責招聘的人放出幾隻漂亮的小狗，小狗如絨球般滾動，打打鬧鬧，十分可愛。年輕人很快就讀不下去了，因為他的眼睛被小狗深深吸引去了。

第二個年輕人，只讀了兩句便讀錯了，因為他也受不了小狗那種可愛的誘惑。一個又一個年輕人都因相同的情況而讀不下去。終於，到了最後一個年輕人，就算小狗咬著他的褲管，他也不為所動，並一字不漏且正確地讀了一遍又一遍。

負責招聘的人十分高興，說：「小夥子，你會去做你自己承諾過的事嗎？」

「我會盡自己最大的努力去做。」

「好，你被錄取了。」

學會努力克制，就要有堅定的目標，風雲變幻，但我自巋然。只向著一個目標前進，岔路便分不了你的神，你也不會轉來轉去，在人生的岔路口花時間精力去判斷，你只要一心向著自己的目標走去，就可以了。能夠克制自己的人永遠從容，因為他分得出輕重緩急，他知道怎樣平衡生活中緊急的事和主要的事，他不會手忙腳亂，左手做一件，右手做一件，但兩件事都做不好。他知道，該閱讀的時候，像手裡的文字就是上帝，小狗再可愛，也是魔鬼、不可理喻。

會克制自己的人，就會施展自己；會施展自己的人，也會克制自己。堅持自己該做的事情，是一種勇氣。克制自己則需要頑強的意志和毅力，這種意志就是一個逐步積累的過程。

二、要努力堅持到最後

一位機械師，他嘗試著發明一種新型的發動機，但是，經受多次挫折後他喪失了耐心，在離成功只有一步之遙時，他放棄了努力，轉換了跑道。他將長時間積累的職業經驗和資源都捨棄了，自然也就無法形成自己的目標。許許多多「離成功只有一步之遙」的人，恰恰因為缺乏最後跨入成功門檻的勇氣而功敗垂成。

想上進的人，必須牢記兩個要訣，就是「謹慎地努力」和「勇敢地堅持」。也許你會問：「我在這兩點中，更應注意哪一點呢？」這可得問你自己了。如果你平日是一個血氣旺盛、做事常抱「碰碰運氣」的心理，喜歡盲目亂闖、絲毫不肯用腦的人，那你就得特別偏重於第一點。尤其做任何事時，都必須多加一番思索，想想它的正面結果，再想想它的反面結果，覺得確有幾分把握時，然後再著手實行，便可百無一失了。

反之，如果你是一個常常陷入幻想中，把事實計算得千真萬確，卻仍不肯去實行的人，那你就得偏重第二點。你得立刻站起來，立刻著手去做，而且非做出一點眉目來不可。有了自己的萬全之策，即使被人勸阻，如果你認為別人的理由不合理時，仍不妨大膽去闖。世界上一切偉大的事業、偉大的戰績、偉大的發明、偉大的成就，無不是這樣闖出來的！堅持到底、絕不退卻，抓住你那有八成把握的計畫，永不停留地前進，只有這樣，你才能獲得成功。

三、做事不要猶豫不決

拿破崙・希爾曾講過這樣一個真實的故事：

一九五二年七月四日清晨，加利福尼亞海岸籠罩在濃霧中。在海岸以西二十一英里的卡塔林納島上，一個三十四歲的女人走入太平洋中，開始向加州海岸游過去，要是成功了，她就是第一個游過這個海峽的婦女，這名婦女叫費羅倫絲・查德威克。在此之前，她也是從英法兩邊海岸游過英吉利海峽的第一個婦女。

那天早晨，海水凍得她身體發麻，霧很大，她連護送自己的船都幾乎看不到，時間一個鐘頭一個鐘頭過去，千千萬萬人在電視上看著。十五個鐘頭之後，又累又冷的她知道自己不能再游了，便叫人拉她上船，但她的母親和教練在另一條船上都告訴她離岸邊很近了，叫她不要放棄。但她朝加州海岸望去，除了濃霧什麼也看不到，幾十分鐘之後，從她出發算起十五個小時五十五分鐘之後，人們把她拉上船。又過了幾個鐘頭，她漸漸覺得暖和多了，這時卻開始感到失敗的打擊，她不假思索地對記者說：「說實在的，我不是為自己找藉口，如果當時我看得見陸地，也許我就能堅持下來。」

其實當時人們拉她上船的地點，離加州海岸只有半英里！後來她說：「令我半途而廢的不是疲勞，也不是寒冷，而是因為我在濃霧中看不到目標。」查德威克小姐一生就只有這一次沒有堅持到底。兩個月之後，她再一次挑戰，最後成功地游過這一個海峽。她不但是第一位游過卡塔林納海峽的女性，而且還比男子的紀錄快了大約兩個鐘頭。

人所犯最危險的錯誤之一，就是忘記自己努力想達成的目標，在取捨之間猶豫不決，到頭來空忙一場，除了遺憾沒有任何東西值得回憶。

【智慧語錄】

身在職場中的你，是不是經常被人批評工作不到位、沒有注意細節、沒有很好地承擔責任，甚至還時常被同一個問題反覆糾纏、反覆困擾？如果是，那麼很遺憾地告訴你：「你的工作不徹底！」把工作做徹底，既是對公司負責，也是對自己負責，同時還是對社會負責。

第一次就把事情做對

對每件工作做好充分的準備，才有可能把事情做「對」，進而把事情做「好」。

除了「做對」，還要「做好」

「第一次就把事情做對」是著名管理學家克勞士比「零缺陷」理論的精髓之一。實際上它不僅僅是一句激勵士氣的口號及企業最經濟的經營之道，而且還是對員工工作態度的評價和要求，是每一個員工個人的成功之道。他推崇這樣一種工作態度，對錯誤「不害怕、不接受、不放過」，希望每一個員工都認真負責、一絲不苟。

「第一次就把事情做對」是公司對你的期待，它時時刻刻提醒你要盡最大的可能，在接手每一份工作時，抱著「第一次就做對」的信念；第一次就把事情做對，是對「品質」的要求，只有「第一次就做對」，才能盡可能減少廢品、保證品質；想要第一次就把事情做對，需要你有扎實的職業技能基礎，需要你對每一個「第一次」從事的工作都有充分的準備。

工作中經常會遇到這樣一些人，他們總是將目光盯在「下一次」來逃避問題，儘管從表現上看來，他們也很努力、很敬業，但結果卻總是無法令人滿意。

在行為準則的貫徹執行上，「第一次就把事情做好」是每一個人都必須重視的理念。如果這件事情是有意義的，現在又具備了把它做好的條件，為什麼不現在就把它做好呢？每個人只有把事情一步一步地做對了，才有可能達到第一次就把事情做好的境界。

「第一次就把事情做對」是一種精益求精的工作態度。從豐田公司的全面品質管制和準時化生產中來看，人們會驚奇地發現，原來第一次就把事情做對不僅是可能的，而且是一定要做到的。想想看，整條管線上，每一個配件生產出來之後，馬上就被送去組裝，也因為沒有庫存，任何一個環節若出了品質問題，都會導致全線停產，所以必須百分之百地「第一次」就把事情做對。

「把事情做對」的細節

要想把事情做好，就得注意到每一個細小的事情，只有將每一個細小的事情都考慮到了，才能將事情在第一次就做好，但在「把事情做好」的前提下，必須先「把事情做對」，那麼在工作當中，如何才能做到「第一次就把事情做對」呢？

一、考慮細節、注重細節

世界著名的管理大師韋爾奇，他在管理學基礎理論上雖無震聾發聵的東西，但是他在奇異公司二十年的管理實踐中，為人們津津樂道的一些管理細節卻令人敬佩。這些細節包括手寫「便條」並親自封好後給基層經理人甚至普通員工，包括能叫出一千多位奇異公司管理人員的名字，還包括親自接見所有申請擔任奇異公司五百個高級職位的人等等。在世界級的大公司中，很少有幾家公司的老闆能做到這一點。

對於企業來說，注重細節是相當重要的，同樣的，對於一個員工來說也是如此，注重細節其實就是一種工作態度，看不到細節，或者不把細節當回事的人，必然是對工作缺乏認真的態度，對事情只是敷衍了事，這種人無法把工作當作一種樂趣，而只是當作一種不得不受的苦役，因而在工作中缺乏熱情，他們只能永遠由別人分配給自己工作，且還無法把事情做好，這樣的員工永遠不會在企業中找到自己的立足之地。考慮到細節、注重細節的人，不僅會認真對待工作、將小事做細，還會從做事的細節中找到機會，從而使自己走上成功之路。

二、分清事情的輕重緩急

工作需要章法，不能眉毛鬍子一把抓，要分清輕重緩急，這樣才能一步一步地把事情做得有節奏、有條理、避免拖延。人們容易犯這樣的錯誤：瑣碎的小事做了一大堆，等到要做重要的事時，已經沒有時間了。工作的一個基本原則應該是：要把最重要的事情放在第一位。分清主次，並設法排除干擾前進的次要事務，你便會在不知不覺中接近人生的成功。

拿破崙‧希爾認為，要獲得成功，首先要培養「注意重點」的習慣。必須把事實分成兩種：「重要的和不重要的」或「有關係的和沒有關係的」。與你的主要目標有密切關係的事情，就是非常重要的；與你的主要目標只有間接關係或者關係不密切的，則是不重要的。

有一位公司的經理去拜訪人際關係學鼻祖戴爾•卡內基時，看到卡內基乾淨整潔的辦公桌感到很驚訝，他問卡內基說：「卡內基先生，你還沒處理的信件放到哪兒呢？」

卡內基說：「我的信件都處理完了。」

「那你沒做完的事情又交給誰了呢？」老闆緊追著問。

「我所有的事情都處理完了。」卡內基微笑著回答。看到這位公司老闆困惑的神態，卡內基解釋說：「原因很簡單，我知道我所需要處理的事情很多，但我的精力有限，一次只能處理一件事情，於是我就將所要處理的事情，依其重要性列出一個順序表，然後一件一件地處理。結果，就全都處理完了。」說到這兒，卡內基雙手一攤，聳了聳肩膀。

「哦，我明白了，謝謝你，卡內基先生。」

幾個月後，這位公司的老闆請卡內基參觀他寬敞的辦公室，並對他說：「卡內基先生，感謝你教給了我處理事務的方法。過去，在我這寬大的辦公室裡，我要處理的文件、信件等等，堆得和小山一樣，一張桌子不夠，就用三張桌子。自從用了你說的方法以後，情況好多了，瞧，我再也沒有沒處理完的事情了。」這位公司的老闆，就這樣找到了處事的辦法。幾年以後，成為美國社會成功人士中的佼佼者。

三、明確事情的對與錯

企業中每個人的目標都應是「第一次就把事情完全做對」，至於如何才能做到在第一次就把事情做對，克勞士比先生也給了我們正確的答案，這就是首先要知道什麼是「對」，如何做才能達到「對」這個標準。克勞士比很讚賞這樣一個故事：

一次工程施工中，師傅們正在緊張地工作著。這時一位師傅需要一把扳手。他叫身邊的小徒弟：「去，拿一把扳手。」小徒弟飛奔而去。師傅等阿等，過了許久，小徒弟才氣喘吁吁地跑回來，拿回一把巨大的扳手說：「扳手拿來了，真是不好找！」

可師傅發現這並不是他需要的扳手，而生氣地說：「誰讓你拿這麼大的扳手呀？」小徒弟沒有說話，但是顯得很委屈。這時師傅才發現，自己叫徒弟拿扳手的時候，並沒有告訴徒弟自己需要多大的扳手，也沒有告訴徒弟到哪裡去找這樣的扳手，自己以為徒弟應該知道這些，可實際上徒弟並不知道。師傅明白了，發生問題的根源在自己，因為他並沒有明確告訴徒弟做這件事情的具體要求和途徑。

第二次，師傅明確地告訴徒弟，到某間倉庫的某個位置，拿一個多大尺寸的扳手。這回，沒過多久，小徒弟就拿著師傅想要的扳手回來了。

克勞士比講這個故事的目的在於告訴人們，要想把事情做對，就要讓別人知道什麼是對的，如何去做才是對的。在我們給出做某事的標準之前，我們沒有理由讓別人按照自己頭腦中所謂「對」的標準去做。

四、杜絕盲目與馬虎

美國的一份研究報告披露，在華盛頓因工作馬虎造成的損失，每天至少有一百萬美元。該城市的一位商人曾抱怨說：「我每天必須派遣大量的檢查員去各分公司檢查，盡可能地制止各種馬虎行為。」在許多人眼裡有些事情簡直是微不足道，但積少成多、積小成大，一些不值一提的小事不止會影響他們做事的工作效率，當然也會影響到他們工作上的晉升和事業上的發展。

「第一次就把事情做對」，這幾乎是每個企業對員工最基本的要求。但在工作中，有時即使是最簡單的工作，還是有人一再出錯。例如，某廣告公司的員工就犯過這樣的一個錯誤，他在為客戶製作的宣傳廣告中，將客戶聯繫電話中的一個數字弄錯了，當他們把製作的宣傳單交給客戶時，客戶由於時間緊迫，第二天就要在產品新聞發表會上使用它，因此沒有詳細審核就接收了。直到新聞發表會結束後，在整理剩下的宣傳單時，才發現關鍵的聯繫電話有錯誤，而這樣的宣傳單已發放了五千多份。

客戶一怒之下，向廣告公司要求巨額賠償。由於錯在己方，而且客戶召開新聞發表會的費用的確龐大，無奈之下，廣告公司只好按照客戶的要求進行了賠償。但事情並沒有就此結束，這件事情傳開後，廣告公司便在業界中失去了信譽，漸漸沒有生意可做了，因為沒有人再敢把自己的業務交給他們去做，害怕再出差錯給自己造成麻煩和損失。

一次小小的失誤，就把一家本來極有前途的廣告公司打垮了。我們不妨設想一下，假如廣告公司的員工在工作中細心點，能一次就把事情做對，那麼，這樣的現象是不是就完全可以避免呢。

也許有人心裡在想：「第一次沒做對不要緊阿，我可以做第二次、做第三次。」是的，第一次沒做對時可以重新做第二次，甚至是第三次，但是這樣做既浪費時間又會浪費精力，假如沒有及時發現錯誤，就會像上文中的廣告公司那樣，給自己和他人都造成了損失。第一次沒把事情做對，忙著改錯，改錯中又很容易出新的錯誤，惡性循環的死結越纏越緊。這些錯誤往往不僅讓自己忙，還會放大到讓很多人跟著你忙，造成整個團隊工作效能低下。

所以，盲目的忙亂毫無價值，必須終止。再忙，我們也要在必要的時候停下來思考一下，用腦子解決問題，而不盲目地拼體力交差，第一次就把事情做好，把該做的工作做到位，這正是解決「盲症」的要訣。

【智慧語錄】

我們工作的目的是為了忙著創造價值，而不是忙著製造錯誤或改正錯誤。只要在工作完工之前，想一想出錯後可能帶給自己和公司的麻煩、想一想出錯後可能造成的損失，就應該能夠理解「第一次就把事情完全做對」這句話的份量。

把問題一次性地解決

要想將事情做徹底，就必須用對解決問題的方法，從問題的癥結入手，抓住問題的要害所在。

別被「半途而廢的壞習慣」吞噬

從前有一位地毯商人，看到最美麗的地毯中央隆起了一塊，便伸手把它弄平了，但是在不遠處，地毯又隆起了一塊，他再把隆起的地方弄平，不一會兒，在一個新地方又再次隆起了一塊，如此一而再、再而三地試圖弄平地毯。直到最後，他拉起地毯的一角，看到一條蛇溜出去為止。

很多人解決問題，只是把問題從系統的一個部分推移到另一部分，或者只是完成一個大問題裡面的一小部分。例如，工廠的某台機器壞了，負責維修的師傅只是做一下最簡單的檢查，只要機器能正常運轉了，他們就停止對機器做一次徹底清查，只有當機器完全不能運轉了，才會引起人們的警覺。這種只滿足於小修、小補的態度如果不轉變，將會給公司和個人帶來巨大的損失。

對很多人來說，總是覺得很簡單的東西沒有必要做得太詳細、太徹底，多做只是多浪費時間。但我們沒有看到的是，這些並不是沒有功用，例如修建一條馬路，中國人可能就只把馬路鋪好，其他的事情不屬於自己管，自己也不再理會，等到需要鋪水管或者接電線的時候，再一次將馬路挖開。但在德國卻不會這樣，他們在修建馬路時，就會將污水管道、水管、電線都檢查過，並進行修補，把問題一次解決。

許多人有一種把工作做了一會兒，或是只完成工作的某部分，就把工作停止放在一邊的習慣，而且他們充分相信，他們似乎已經完成了什麼。

事實果真如此嗎？這樣做，猶如足球運動員在臨門一腳的剎那收回了腳，前功盡棄。有些時候，它甚至會耽擱人們發現錯誤與危險的時機，導致更大規模的危害爆發。對一位積極進取的員工來說，有始無終的工作惡習最具破壞性，也最具危險性，它會吞噬你的進取之心，使你與成功失之交臂。一個人一旦養成了有始無終、半途而廢的壞習慣，他將永遠不可能出色地完成任何任務。

人人都說先學做人，然後再談做事，這好像是把次序搞顛倒了。什麼樣的人才算是一個好員工呢？好員工的標準就是把事情做好。一定的內容需要一定的形式才能表達出來，把事情做好就是衡量一個人是不是好員工的標準。因為一個好員工一定是一個勇於承擔責任的人，是個言出必行的人。瞭解做事的道理，把事情做得徹徹底底，才算是一個堂堂正正的人。

發現問題的癥結，速戰速決

要作為公司的一個好螺絲釘，當然是要將自己的工作做對、做好，面對問題也能夠有效率的解決，但如何才能將問題一次性且切確的解決掉呢？

一、遇事不要拖延

據一位開餐廳的朋友描述，餐廳服務生最惡劣的表現就是消極怠工、慢待客人。當客人們提出要些餐巾紙、換雙筷子、添點茶水時，動作還慢慢吞吞，甚至擺出一副極不耐煩的面孔，事情能拖則拖，服務環節能省則省，其結果自然無法讓客人滿意。

懶惰之人的一個重要特徵就是「拖延」，他們會將前天該完成的事情拖延敷衍到後天。生活中有許多重要的事情不是沒有想到，而是沒有立刻去做，事過境遷就漸漸地淡忘了。究其原因也許是忙，但更多的其實是懶惰。許多人面對一件事時不是想著馬上去做，而是想著「等一下再做也不遲」。拖延與忙或不忙無關，而是一種習慣，好習慣好人生，命好不如習慣好。懶惰如同一種毒素，一旦注入我們的心靈，就會瘋狂地滋長，毀掉我們的人生。

拖延是一種惡習，習慣性的拖延者，通常也是製造藉口與託辭的專家。如果你存心拖延逃避，你就能找出成千上萬個理由來辯解為什麼事情無法完成，而對事情應該完成的理由卻想得少之又少。把「事情太困難、太昂貴、太花時間」等種種理由合理化，要比相信「只要我們更努力、更聰明、信心更強，就能完成任何事」的念頭容易得多。

那麼，拖延的毒素為什麼容易在員工中蔓延呢？原因在於人的惰性和人們想暫時解脫內心深處的恐懼感。

首先，拖延是因為人的惰性在作怪。每當自己要付出勞動時，或者要做出抉擇時，人們總會找出一些藉口來安慰自己，讓自己更輕鬆些、更舒服些。

其次，人們對失敗總是心懷恐懼，拖一下就不必立刻面對失敗了。在挑戰面前，大多數人往往會自我安慰：「我也許能夠成功，但是現在還沒有準備好。」此外，拖延還能為失敗留下臺階，拖到最後一刻，即使做不好，也會有這樣或那樣的藉口，例如「如此短的時間內能取得這樣的成績已經是十分不錯了」。

人一旦開始遇事推拖，就很容易再次拖延，直到變成一種根深蒂固的惡習。因此，任何情況下都不要自作聰明，以為工作會按照自己的意願發展，而是要清楚地認識到，一廂情願的拖延與等待，不僅會影響自己的前程，還會給他人造成巨大的損失。懶惰和拖延對於一位渴望成功的人來說具有很大的破壞性，它使人喪失進取心，只會與自己的奮鬥目標背道而馳。

拖延的習慣不僅影響工作效率，而且會造成個人精神上的重大負擔。事情未能隨到隨做、隨做隨了，而漸漸堆積在心上。既不去做，又不能忘，實在比早做、多做更加疲勞。能拖就拖的人心情總是無法釋然，該做、未做的工作始終給他一種壓迫感。拖延不僅不能省下時間和精力，反而白白浪費了寶貴時間。懶惰不僅無法讓人放鬆，相反的卻使人心力交瘁，疲於奔命。

二、找對問題的特效藥

當寶潔公司剛開始推出汰漬洗衣粉時，市場佔有率和銷售額以驚人的速度向上飆升，可是沒過多久，這種強勁的增長勢頭就逐漸放緩了。寶潔公司的銷售人員非常納悶，雖然進行過大量的市場調查，但一直都找不到銷量停滯不前的原因。

於是，寶潔公司召集了很多消費者開了一次產品座談會，會上，有一位消費者說出了汰漬洗衣粉銷量下滑的關鍵，他抱怨說：「汰漬洗衣粉的用量太大。」

寶潔的員工們急忙追問其中的原由，這位消費者說：「你看看你們的廣告，倒洗衣粉要倒那麼長時間，衣服是洗得乾淨，但要用那麼多洗衣粉，算起來更不划算。」

聽到這番話，銷售經理趕快把廣告找來，算了一下展示產品部分中倒洗衣粉的時間，發現一共三秒鐘，而其他品牌的洗衣粉，廣告中倒洗衣粉的時間僅為一秒半。

也就是在廣告上這麼細小的一點疏忽，對汰漬洗衣粉的銷售和品牌形象造成了嚴重的傷害。這是一個細節制勝的時代，對於自己的工作無論大小，都要瞭解得非常透徹，資料應該非常準確，事實也應該非常真實，這樣才能腳踏實地完成宏偉的目標。

美國絕大部分企業家都知道一些十分精確的數字：比如全國平均每人每天吃幾個漢堡包、幾顆雞蛋。之所以要瞭解得這麼清楚，是因為他們想確保細節上多方面的優勢，不給競爭者有可乘之機，哪怕是一些枝微末節的漏洞。

要想將事情做徹底，就必須用對解決問題的方法，從問題的癥結入手、抓住問題的要害所在，這樣解決起來問題才能更見成效，才能一針見血地深入問題的「靶心」。

要知道，成功並不是盲目的，而是有技巧性可以尋找的，那就是找對問題的特效藥，一招之內解決完畢。

工作中，獲得成功最重要的一條定律，就是知道你生活中的每一個問題的關鍵點何在，這是你成就每一件事情最重要的決定性因素。只有抓住問題的關鍵點，你才能制定出合理的策略，採取正確的方法，取得事半功倍的效果。不能否認，許多人不能有效地抓住問題的關鍵點，認為工作中的所有一切都應該傾注全部的時間和精力。他們在許多事情上不分主次、一概而論，結果付出了很大的代價，卻只取得有限的成就。

【智慧語錄】

如果你有能力，業績卻遠遠落後於他人，不要疑惑、不要抱怨，問問自己是否能把工作進行到底，答案如果是否定的，這就是你無法取勝的原因。對於任何一件工作，要麼乾脆別動手，要麼就有始有終、徹底完成。

有一句話說得好，「笑到最後的，才是最美的」。

只有百分之百才算合格

對自己所做的事嚴格把關，將每一件小事做到位，確保你付出心血的成品，已達百分之百的完美。

夢有多高，就能飛多遠

一百次決策中，只要有一次失敗，就可能讓企業關門；一百件產品，只要有一件不合格，就可能失去整個市場；一百個員工，只要有一個背叛公司，就可能讓公司蒙受無法承受的損失；一百次經濟預測，只要有一次失誤，就可能讓企業面臨破產。

五年前張志超還在一家行銷企劃公司工作，當時一位朋友找他，說他們公司受某人委託想做一個小規模的市場調查。朋友說，這個市場調查很簡單，希望張志超出面把業務接下來，由他去運作，最後的市調報告由張志超把關，當然還會給他一筆費用。這確是一筆很小的業務，沒什麼大的問題，市調報告出來後張志超只是做了些文字修改和表面的數據分析，就把它交了上去。對他而言，這事就這樣過去了。

去年的某一天，幾位朋友拉張志超組成一個專案小組，一塊去完成某大型商城的整體行銷專案。不料，對方的業務主管明確提出對張志超的印象不好，原來這位業務主管正是當年那項市調報告的委託人。

因果循環，張志超目瞪口呆，也無從解釋些什麼。這件事給張志超極大的刺激，他回過頭來看，認為當時拿的那點錢根本就不值一提，但就為了這點錢，他竟給自己造成如此之大的負面影響！

像張志超一樣，許多時候我們會不經心地處理、打發掉一些自認為不重要的事情或人物。但這種隨意不負責、不敬業或者是不道德的行為，都會對未來的人生道路上，造成一些很不好的影響或後果，令你對當年的行為追悔不已。小事正可於細微處見精神，有做小事的精神，才能產生做大事的氣魄。

一個人成功與否在於他是否做什麼都力求更好。成功者無論從事什麼工作，都不會輕率疏忽、滿足現狀。相反，他會在工作中以最高的規格要求自己，能做到更好，就必須做到更好，在他們的心中，一百分永遠都不為過。

夢有多高，就能飛多遠。

不錯，一個人的心理高度決定了他的做事能力，如果一個人總是認為自己不行，凡事都以一種「只要做了就行」的態度對待，結果可想而知；如果一個人常常以一個高標準來要求自己，那麼他的做事效果肯定要好得多。所以，做事就以「更好」的標準來要求自己吧！

只做「滿分」的工作

在工作中，每個人都應嚴格要求自己把工作做到位。要完成百分之百的完美，就絕不能做到百分之九十九，因為只有做到百分之百才算合格，你的工作才算到位。

許多成功的老闆所從事的業務並不需要出眾的技巧，而是需要謹慎、盡職盡責地工作。他們聘請了一個又一個員工，卻總因為粗心、懶惰、能力不足、沒有做好份內之事而頻繁將這些員工解雇。與此同時，社會上眾多失業者卻在抱怨現行的法律、社會福利和命運對自己的不公。許多人無法培養一絲不苟的工作作風，原因在於貪圖享受、好逸惡勞，背棄了對待工作應盡職盡責的原則。

在工作當中，如何才能讓我們的工作達到一百分呢？

一、不能滿足於九十九分

美國前國務卿基辛格，他在諸事繁忙之時，對下屬的要求仍然是一百分才算合格。當他的助理呈遞一份計畫給他，問他對其計畫的意見時，基辛格和善地問道：「這的確是你所能擬訂的最佳計畫嗎？」

「嗯……」助理猶疑地回答：「我相信再做些改進的話，一定會更好。」基辛格立刻把那個計畫退還給了他。

兩週後，助理又呈上了自己新的成果。幾天後，基辛格請該助理到他的辦公室去，問道：「這的確是你所能擬訂的最佳計畫嗎？」

助理後退了一步，喃喃地說：「也許還有一、兩點可以再改進一下……也許需要再多說明一點……」

助理隨後走出了辦公室，手中拿著那份計畫書，下定決心要擬出一份任何人——包括亨利・基辛格都必須承認的百分之百「完美」計畫。

這位助理日夜工作，有時甚至就睡在辦公室裡，三週後，計畫書終於完成！他得意地邁著大步走進基辛格的辦公室，將該計畫呈交給了國務卿。當聽到那熟悉的問題「這的確是你所能擬訂的最佳計畫嗎」時，他激動地說：「是的，國務卿先生！」

「很好。」基辛格說：「這樣的話，我就有必要好好地讀一讀了！」

基辛格並沒有直接告訴他的助理應該做什麼，而是通過這種嚴格的要求來訓練自己的下屬工作必須做到完美。

無數安於現狀的員工，當他們達到百分之九十九的合格率，甚至低於這一合格率時，就沾沾自喜了。殊不知，市場對企業從來都是拿著「顯微鏡」來審視的，並且實行一票否決制。如果在你生產的一萬套服裝中，只要有一套品質不合格，消費者就會說「你的服裝品質不合格」；而不會說「你的服裝有一套不合格，另外九千九百九十九套都是合格的」。

曾經有一家電熱水器生產廠，聲稱自己的產品品質合格率為百分之九十九，各項安全指標都通過標準，並有雙重漏電保護措施，讓消費者放心使用。然而一位消費者購買了該廠的電熱水器，卻不幸遇上了百分之一的失誤。

跟往常一樣，這位消費者未關電源就開始洗澡，沒想到熱水器漏電，而漏電保護裝置又失效，以至於他被電流擊倒，一條手臂就廢了。照理說，帶電使用電熱水器屬於正常操作範圍，不應出現這一故障，即便發生漏電，漏電保護裝置也會立刻斷電，以確保使用者的安全，然而，這家企業滿足於百分之九十九的合格率，卻恰恰讓那百分之一的不合格商品，帶給了那位消費者巨大的傷害。

二、不斷地學習進步

無論是在職業生涯的哪個階段，學習的腳步都不能稍有停歇，應把工作視為學習的殿堂。你的知識對於所服務的機構而言是很有價值的，正因為如此，你必須好好自我監督，別讓自己的技能落在時代後頭。當你的工作進展順利的時候，要加倍地努力學習；當工作進展得不順利，不能達到工作崗位的要求，那就把學習的份量加重四倍吧！在瞬息萬變的現代社會裡，「學習」是讓我們能夠為自己開創一番天地的利器。當我們試圖透過學習超越以往的表現，生命才會更有意義。

若你總沉溺於昔日，或安於現狀，那你學習以及適應能力的發展便會受到阻礙。不管你有多麼成功，你都要對職業生涯的成長不斷投注心力，如果不這麼做，工作表現自然無法有所突破，終將陷入停滯甚至是倒退的境地。而如果在取得一點成就後就感到十分的滿足，那你自身的能力很快就會裹足不前，你的事業也將很難再有所進步，把工作做徹底也可能就只是一句空話。

詩人格斯特說：「現在的自己是永遠有待進步的。」永遠不知滿足的卓越員工能清楚而深刻地認識到了這一點，所以他們積極尋求完善自我、提升自我的方法，並且為了促進自身進步，不斷做出努力。最終他們成功了，他們超越了平庸、改善了現狀、完善了自我，而且成了激烈競爭中的優勝者。

而另外一些平平庸庸，在競爭中處於劣勢的員工之所以不能超越平庸、實現完美，原因就是他們太容易滿足了！從事一份悠閒的工作，終其一生總是拿那麼一點點薪水，每天總是做著同樣的事情，一直到被淘汰掉為止。他們以為人的一生所能獲得的東西也就這麼多了，他們對眼前的處境和自我能力都感到十分滿足，於是他們最終只能得到這些令他們滿足的東西。

太容易滿足則不思進取，企業的發展和進步需要更多積極進取的員工來實現，更多的成就和業績需要那些不斷超越自我的員工來創造。永遠不知滿足才能超越平庸，最終才能實現完美。

三、做事要一絲不苟

國內某房地產公司的老總曾回憶道：「一九八七年，一個與我們公司合作的外資公司的工程師，為了拍專案的全景，本來在樓頂就可以拍完了事，但他硬是徒步走了兩公里爬到一座山上，將周圍的景觀也都拍得很到位。當時我問他為什麼要這麼做，他只回答了一句：『回去董事會成員會向我提問，我要把這整個專案的情況告訴他們才算完成任務，不然就是工作沒做到位。』這件事至今令我印象深刻。」

這位工程師的個人信念就是：「我要做的事情，不會讓任何人操心。任何事情，只有做到一百分才是合格，就算有九十九分也都屬不合格，若只達六十分就是次品。」因此，要想把事情做到最好，領導者心目中必須有一個很高的標準，而不能是一般的標準。在決定事情之前，要進行周密的調查論證、廣泛徵求意見，儘量把可能發生的情況考慮進去，避免出現百分之一的漏洞，以求達到預期效果。

做事一絲不苟，意味著對待小事和對待大事一樣謹慎。生命中的許多小事都蘊涵著令人不容忽視的道理，那種認為小事可以被忽略、置之不理的想法，正是我們做事不能善始善終的根源。每一位老闆都知道一絲不苟的美德是多麼難得，不良的工作風氣總是會在公司四處蔓延，要想找到願意為工作盡心盡力、一絲不苟的員工，是很困難的一件事，因為無論大事、小事都盡心盡力、善始善終的員工十分少見。

一位朋友告訴我，他的父親告誡每個孩子：「無論未來從事何種工作，一定要全力以赴、一絲不苟。能做到這一點，就不會為自己的前途操心。世界上到處都有散漫粗心的人，只有那些善始善終者是供不應求的。」

【智慧語錄】

一個人成功與否，在於他是不是做任何事都力求做到最好。成功者無論從事什麼工作，他都絕對不會輕率疏忽。因此，在工作中應該以最高的規格要求自己。能做到最好，就必須做到最好，能完成百分之百，就絕不只做百分之九十九。

只要你把工作做得比別人更完美、更快、更準確、更專注，動用你的全部智慧，就能引起他人的關注，實現你心中的願望。

讓你的明天滾蛋吧

「今日事，今日畢」這句話說來容易做來難，但如果你總是想著「還有明天」，那麼你很可能會把自己帶入失敗的深淵。

下個「明天」在地獄裡

我們都知道，很多人在工作中都有拖延的壞習慣，也正是因為這個壞習慣，很多人都沒能將工作做徹底。這是大部分人的理解範圍，其實我們可以更加深入一步：為什麼這些人會有拖延的壞習慣呢？根源在於這些人總是說：「沒事，還有明天呢！」

人生有很多個明天，很多事情確實可以等到明天去做，但是我們應該知道，明天有明天的事情要做，如果今天做不完今天的事情，很可能就會出現拖延的情況，那麼工作也就可能做不完整。

美國第三十二任總統富蘭克林・德拉諾・羅斯福曾經說過：「Never leave that until tomorrow, which you can do today.」這句話的意思很簡單，意即為「今天的事不要拖延到明天去做。」

或許很多人還不知道這個壞習慣的害處，我們不妨來看一個故事：

某段時間，地獄的人口銳減，閻王為此召集群鬼商議對策，思索要如何才能將人誘入地獄的辦法，群鬼於是各抒己見。

牛頭提議說：「讓我們跟人類說：『丟棄你的良心吧！根本就沒有天堂的存在！』」閻王聽了不置可否。

馬面接著說：「讓我們跟人類說：『為所欲為吧！根本就沒有什麼地獄！』」閻王聽了還是搖頭。

群鬼討論來討論去一直沒有拿出好辦法，這時一個小鬼突然說：「不如讓我們這樣對人類說：『還有明天阿！』」閻王聞聽此言深以為然。最後決定，地獄的口號就改為「還有明天」！

雖然這只是一個寓言故事，但是從中我們卻能發現一個問題：若你總是想著「還有明天」，那麼你很可能會把自己帶入失敗的深淵。因此，為了自己、為了成功、為了更完美的未來，不妨對自己吶喊：「讓明天滾蛋吧！」

明日復明日，明日何其多？

有人曾經說過：「一個放棄了今天而把所有希望全部寄託在明天的人，已經無異於行屍走肉了，如果我們永遠把事情放到明天去做，那我們就永遠也不能做成事，因為明天是永無止盡的阿！」

克服懶惰、克服拖延才是真正做事的道理，在日常工作中，我們該如何做才不會出現拖延現象呢？

一、今日事，今日畢

在影視圈內，一些明星之所以能夠風光成名、甚至紅遍亞洲，這和他們做事的風格是分不開的。香港「百變歌后」梅豔芳就是這樣一個值得人們尊敬的歌手。

梅豔芳，一九六三年十月十日出生於香港旺角，家有兩個哥哥及一個姐姐，梅豔芳排行最小，性格倔強並帶點反叛。梅豔芳的父親早逝，其母獨力供養四名子女，家境頗為困難，全家五口僅靠母親經營破舊的「錦霞」歌舞團以維持生計。因為要維持生計，梅豔芳的母親每天必須做很多事情才能掙到足夠多的錢，可是這些事情都必須在當天完成，絕對不能拖延。為此，他的母親每天都得做到很晚才能睡覺。

年幼的梅豔芳看著勞累的母親很不解，便問媽媽：「為什麼這些事情不等到明天來做呢，這樣您不是太累了嗎？」

母親拖著疲憊的身體對梅豔芳說：「孩子，今天有今天的事情，明天有明天的事情，如果你今天沒做完，那麼就會耽誤明天的事情，從而耽誤後天的事情。這樣日復一日，你就會耽誤很多事情，那麼你就有可能耽誤了自己的成功。」

雖然年幼的梅豔芳還不太明白母親說的話，但是從這一天開始，梅豔芳也和母親一樣，每天堅持把當天的事情做完，不做完就不上床睡覺。在那個時候，年幼的梅豔芳已經開始在母親的薰陶下學習唱歌了，白天不僅要上課，還要練習歌曲，下了課還要做作業，常常一忙就忙到深夜。不僅沒有玩耍的時間，甚至有時還要佔用睡覺的時間，雖然梅豔芳也曾累到想要放棄，但是一想起母親的話，他就咬緊牙關，告誡自己要繼續堅持。

一路走來，梅豔芳的身份在變、地位在變，但是他的這個習慣一直沒有變。即便成了名、奠定了自己在歌壇之中的地位之後，梅豔芳依然堅持「今日事，今日畢」的好習慣，不論到多晚，他都要把當天的事情做好。所以，在朋友群當中，大家都知道梅豔芳是一個不知疲倦的「工作狂」。

一個「今日事，今日畢」的好習慣造就了天后梅豔芳，那麼在日常的工作中，我們是不是也應該學習學習梅豔芳，養成「不拖延」的好習慣呢？

二、不為自己的拖延行為找藉口

不為自己的拖延尋找藉口，是無數商界精英秉承的一種價值理念。通常來說，習慣性的拖延者也是製造藉口與託辭的高手。每當要他們付出勞動或做出抉擇時，他們總能找出一些藉口來為自己開脫責任。乍看起來這種人真是聰明，不僅不用做事，還不會受到任何指責，可真正受到傷害的也正是他們自己，他們把自己的所有精力都用於「為自己的拖延尋找藉口」上，也就沒有多餘的精力去真正做事了。

很多影視明星之所以能得到導演與觀眾的認可，就在於他們完成自己的工作是不講任何的藉口。因為他們明白，任何藉口都是推卸責任，而一旦推卸責任，自己的工作就不可能做徹底。

無條件地徹底工作，是造就一個人成功的必不可少的因素。在責任和藉口之間，選擇責任還是選擇藉口，體現了一個人的工作態度。在當今，「拒絕藉口」已成為所有企業奉行的最重要的行為準則，它強調的是每一位員工想盡辦法去完成任何一項任務，而不是為沒有完成任務去尋找任何藉口，哪怕看似合理的藉口。其目的是為了讓員工學會適應壓力，培養他們不達目的不罷休的執行力。

記得，工作中是沒有任何藉口的，失敗也是沒有任何藉口的。

三、克服懶惰的惡習

懶惰是拖延的溫床，很多有天賦的人都是毀在了自己的懶惰上。拖延是懶惰的一種具體表現形式，懶惰的人總是會編織各種理由，設法拖延他們應該去做的事情。針對這種因為懶惰造成的拖延，比爾•蓋茲在一封給年輕人的信中進行了批駁，他寫道：「你說的所謂沒有時間等等，都只是一種藉口，我看你最根本的一點就是在『過於懶惰、不肯努力、不肯下功夫』。你的理論就是一個人都會把他能幹的事情給做好，如果有哪一個人沒有做好自己的事情，這表明他不勝任做這件事情。你沒有寫文章表明你不能寫，而不是你不願寫；你沒有這方面的愛好，就證明你沒有這方面的才幹。這就是你的理論體系，一個多麼完整的體系啊！如果你這個理論體系被大眾所接受的話，將會產生多大的負面效應啊。」

他說的很對，很多時候我們拖延著一件事不去做，不代表我們不能做、不會做，而僅僅是因為懶得去做。可是如果你想得到一些東西，就必須付出辛勤的代價，而如果你懶得去做你就永遠不能得到它，因為沒有人可以不勞而獲。

四、不要因為害怕失敗而拖延

有很多人拖延著不去做，是因為他們害怕失敗。可是，不經歷風雨又怎能見彩虹，又有誰的成功不是建立在一次又一次失敗的基礎上呢？真正成功的人是能夠正確對待失敗的，他們能在一次次失敗的打擊下重新站起來，最終創造自己的輝煌。

怕失敗的原因有很多，可能是怕失敗了面子上不好看，可能是怕有可能面對的種種困難，也有可能是對自己根本沒有自信，但如果一、兩次的失敗就足以摧毀你的自信，如果僅僅是因為怕失敗就拖延著不去做，那麼很難想像，你到底可以成就什麼事業。

所以，即使結果必然是失敗，也不要拖延著不去做，而是要以更多的付出、更大的努力去挑戰失敗。

五、試試「五分鐘行動法」

「五分鐘行動法」是指每次只花五分鐘去做事，完成這五分鐘後，再考慮一下是不是再做個五分鐘，這樣一直持續下去直到完成。因為每次只做五分鐘，就不用去擔心這個、擔心那個的，反而更容易全力以赴。

泰戈爾說：「當你為錯過太陽而流淚時，你也將錯過月亮和星星。」雖然我們都知道這個道理，但是很多時候無盡的懊惱與自責不斷地纏繞著我們。我們的自信與上進心受到打擊，於是我們有很多藉口和理由，來原諒我們自己的拖延與不求上進，為今天沒有完成的工作找到各種各樣的藉口和理由，今天完成不了，那就明天吧！

記住一點：明日復明日，明日何其多？

只有活在當下，把事情做在當下，才能獲得自己的成功。否則，永遠都只能是空談。

【智慧語錄】

在工作上，要想把工作做徹底，我們同樣需要「讓明天滾蛋」的勇氣和意識，只有拋棄你的明天意識，你才能做到「今日事，今日畢」，鼓足勇氣，不要擔心失敗，更不要養成拖延、懶惰的壞習慣，這樣才不會因為「明天意識」而把事情無限期地拖延。

最好少說「不知道」

突破你的思維局限，戰勝對艱難的畏懼，並下決心去努力，你就能找到越來越多解決問題的方法，並越來越智力超群。

「藉口」帶來的好處

工作中我們常常聽到這樣藉口，「那個事情我從來沒做過」、「他們沒有與我商量」、「我實在是太忙了沒有時間和精力」、「如果不是下雨……」、「我不知道……」。然而，如果我們對某一社會群體進行統計分析，也許你還能發現一個有趣的現象：凡是成功的人，都很少為自己的失誤和失敗找藉口；相反，經常為自己的各種不成功找理由的人，往往終身碌碌無為。

有許多人在做事不成功時，常常找藉口、找理由，為什麼呢？因為，每次失敗後，如果找到了某種看似合理的藉口，能為自己犯下的錯誤和應負的責任開脫或搪塞，彷彿就為失敗找到了理由，挫敗感也就沒有那麼重了；彷彿自己的行為是可以原諒的，求得心理暫時的平衡。

讓我們來看一下那些冠冕堂皇的藉口後面到底隱藏了些什麼：不願承擔責任、拖延、缺乏創新精神、缺少責任感、態度悲觀……或許第一次找到藉口時，你會沉浸在藉口為自己提供的暫時的舒適和安全中而不自知。但是，這種藉口帶來的「好處」會讓你第二次、第三次去找藉口，因為在你的意識深處，你已經接受了這種尋找藉口的行為。久而久之就形成了一種習慣：一旦犯下錯誤或失敗了，你就努力尋找藉口為自己開脫，來掩蓋自己的過失，推卸本應由自己承擔的責任。

喜歡找藉口的員工，他們想要的最大好處莫過於想推卸責任，這就是為什麼他們喜歡找藉口的直接原因。找藉口，也可以把應該是自己承擔的責任轉嫁給他人，為自己製造一個安全的角落。這樣的人，在工作單位裡絕不會成為稱職的員工，更不會是公司可以期待和信任的員工。

別為自己的失敗找藉口

無論是在生活中，還是在工作當中，總是有許多人因為一些事情做不好而尋找著各種各樣的藉口。但藉口又給我們帶來些什麼呢？你要乘坐的航班已經起飛了，你還跟驗票員解釋「路上交通堵塞太嚴重了」、「我看錯了時間了」……等等，找些藉口讓飛機飛回來，讓你再上飛機嗎？同樣，回過頭來，審視一下自身，在我們日常工作中，應該多少也都曾有過「不找藉口必定成功，一找藉口必定失敗」的經驗和教訓。

那麼，應該從哪些方面入手，才能夠杜絕處處尋找藉口，隨口就是「不知道」呢？

一、做事不要找藉口

巴頓將軍在他的戰爭回憶錄《我所知道的戰爭》中曾描述過這樣一個細節：「我要提拔人時，常常把所有的候選士兵召集起來，給他們提一個我想要他們解決的問題。我說：『士兵們，我要在倉庫後面挖一條戰壕，八英尺長、三英尺寬、六英寸深。』我就告訴他們那麼多。當他們正在檢查工具時，我走進旁邊的小倉庫，通過窗孔觀察狀況，接著看到他們把鐵鍬和十字鎬都放到倉庫後面的地上，休息幾分鐘後開始議論我為什麼要他們挖這麼淺的戰壕。他們有的人說六英寸深還不夠當火炮掩體，其他人爭論說這樣的戰壕太熱。我想，如果士兵們是軍官，可能還會抱怨他們不該做挖戰壕這麼普通的勞動吧。最後，有個士兵對別人下命令：『讓我們把戰壕挖好後離開這裡吧！那個老畜生想用戰壕幹什麼都沒關係。』最後那個士兵得到了提拔，因為我必須挑選不找任何藉口去完成任務的人。」

無論什麼工作，都需要這種不找任何藉口的人去落實。一個真正的成功者，一個真正優秀的員工應拒絕尋找任何解釋與藉口。尋找藉口進行解釋，實際上是通向失敗的前奏，尋找藉口只能造就千千萬萬平庸的企業，和千千萬萬平庸的員工。

二、每天多做一點點

艾倫博士是一位博學多才的老人，他曾擔任一所大教堂的牧師，後來退休了。他曾問一位年輕人是否瞭解南非的樹蛙，年輕人非常坦白地回答：「不知道。」

艾倫博士便誠懇地對那個年輕人說：「如果你想知道，你只需每天花五分鐘的時間來閱讀相關資料即可，這樣，不到五年，你就會成為最懂南非樹蛙的人，你會成為該領域中最具權威的人。」年輕人當時未置可否。不過後來他卻總會想起博士的這番話，越來越覺得這番話的確道出了許多人生哲理。

也許你沒有義務做自己職責範圍以外的事，但你絕對可以選擇自願去做。積極主動是一種非常珍貴的素養，它能讓人變得更敏捷、更奮進。無論你是誰，「每天多做一點」的態度能使你在當今激烈的社會競爭中脫穎而出，每天多做一點事情也許會佔用你的時間，但是你的行為會使你贏得良好的聲譽，並增加他人對你的信任。在實踐理想的時候，你必須時常與自己做比較，看看今天是否比昨天更進步——即使只有一點點進步。

只要再多一點能力；只要再多一點敏捷；只要再多一點準備；只要再多一點專注；只要再多一點創造力；只要再多一點點……。每天多增加一點點，時間長了，你也就習慣多做一點點，這個時候，成功往往正在向你靠近。

由此可見，做好小事情能夠讓我們越來越接近成功，即使這件事很小，產生的積極推動也只有那麼一丁點，但是只要向前進，總能夠到達成功的彼岸。相反，如果做不好小事，不僅會讓成功變得遙不可及，而且還會使得成功在望的你一敗塗地。

三、活動腦筋，多去思考

「實在是沒辦法！」、「一點辦法也沒有！」、「我不知道！」等諸如這樣的話，你是否熟悉？是否你的身邊經常有這樣的聲音？當你向別人提出某種要求時，卻得到這樣的回答，你是不是會覺得很失望？

能否有更好的方法出現，取決於是否有一種好的心態。辦法是在「想」的過程中產生的，它不會憑空而來，所以「想」辦法是「想到」辦法的前提，如果讓腦袋放空，就算是天才，面對問題時也會一籌莫展。

在一九八四年以前，奧林匹克運動會並不是每個國家都想爭取舉辦的盛會，相反，當時敢於申辦奧運的國家沒有幾個。因為在過去相當長的一段時期內，舉辦奧運的國家可是會賠錢的。例如前蘇聯舉辦的莫斯科奧運，就虧損了很大一筆資金。

直到一九八四年的美國洛杉磯奧運是一個轉折，這次的奧運中，美國政府不但沒有掏出一分一文，反而贏利兩億多美元，創下了一個奇蹟，而創造奇蹟的人是一名叫尤伯羅斯的商人。

尤伯羅斯將整個奧運活動與企業和社會的關係做了通盤的考慮，終於想出了很多讓奧運賺錢的點子。其中最絕的點子是拍賣奧運比賽實況的電視轉播權，這可是從來沒有過的創舉。最初，工作人員提出的最高拍賣價是一億五千二百萬美元，這在當時已是個天文數字了，但卻立即遭到了尤伯羅斯的否定，他說：「這個數字太保守了！」

他覺察到了人們對運動會的興趣正在不斷高漲，而奧運已經是全球關注的熱點。電視臺利用節目轉播，已經賺了不少錢，若採取直播權拍賣的方式，勢必引起各大電視臺之間的競爭，價錢會不斷抬高。果然不出所料，單電視轉播權這一項就為他籌集了兩億多美元的資金。

以往奧運的萬里長跑接力，都是由有名的人士擔任，但尤伯羅斯一改這種做法，表示誰都可以跑，只要身體可負荷，能另外出錢就可以，而每一公里按三千美元收費。這真是一個破天荒的想法，會有人花錢買罪受嗎？沒想到，消息一公佈，報名的人竟然蜂擁而至！總計當時一萬五千公里的路程，收費高達四千五百萬美元！這次奧運給尤伯羅斯帶來了空前的聲譽。回首成功，他自豪的說：「有想法就有突破點。假如畏難，怎麼能夠創造出這樣輝煌的業績呢？辦法總會有的，就看你怎樣去想。」

動動你的腦筋想想辦法吧，別讓你的智力機器生鏽了！

【智慧語錄】

要做到「沒有藉口」，我們就要從小培養自己負責任的態度，遇事不退縮，努力做好每一件事，儘量不讓它出差錯。要達到這樣的境界，我們就要千方百計地提高自己的綜合素質和能力，在千萬人中成為出類拔萃的佼佼者，用嚴格的態度來規範自己，最終就會獲得成功。

千萬別說自己是「新來的」

找藉口掩飾自己的過失，使自己的心裡得到暫時的平衡，並不能為你帶來任何益處。

商場如戰場

到一個新單位上班，就意味著新的挑戰。在新單位能不能站住腳，關鍵看你的表現，要想表現好，很多細節你不得不注意！

人的第一印象是強烈而深刻的，一旦形成不好的印象，那在日後就不那麼容易改變了。到新的單位，如何順利完成角色的轉換，盡快適應新環境，相信這是每一位跳槽者，甚至是新鮮人都在思考的問題。

尤其，許多人在出現問題之後常用的一個藉口就是：「我並不完全清楚我的責任，所以才沒有把工作做好。」、「我是新來的，我不知道……」因為不清楚所以才沒有做好，看起來很順理成章。其實在這個藉口的背後隱藏著一個非常簡單的問題，就是個人缺乏責任感。一旦缺乏責任意識，缺乏的東西還會更多，比如工作的熱情、工作的態度、對企業的忠誠度。所以，作為一個員工，有必要清楚自己的責任。

許多職場新人進了公司後，往往幾個月過去了，他們還像作客，缺乏工作的主動性。在企業的基層，部門內部分工往往不是很細，而一些重要的工作又不能馬上交給新人，所以一般都是先做內勤。內勤就是處理考勤、收發電子郵件這類日常工作，在一些滿懷激情的職場新鮮人看來，這就是打雜，在他們眼裡打雜沒有什麼好學的。許多職場新人也想找事做，但他們不知道自己該做些什麼、可以做些什麼，他們總是在等公司前輩一步步地教自己，就像中學時等數學老師來講解習題一樣。

從理論上來說，辦公室裡的每位職員都有責任輔導職場新人的工作，但是，除非公司有專門的指示，否則有哪個職員能特別抽出時間來輔導你？即使有閒功夫，他的工作知能也不一定有那麼高，怎麼輔導你呢？所以，儘管時間一天天地流逝，但許多職場新人還是無所事事。

許多職場新人在自己的工作還不是滿負荷的情況下，最好先用這段時間瞭解該公司的一些基本情況，例如公司的歷史、發展的過程、具體的業務內容、具體產品或服務的價格、年銷售額、各部門的大致分工、各地的分支機構、經營方針、總員工人數等等。以電視機製造廠來說，當你進了這一間電視機製造廠的公司，你就要知道該公司生產的電視機是什麼牌子、型號、市場零售價、同行競爭對手的產品情況等等。儘管很多東西公司簡介和網站上都有，但這些東西最好還是記下來，這就像在學校時做筆記一樣，記得牢靠，對未來必定有好處。

作為職場新人，你一定要積極主動，並利用這段時間多學點東西，不懂的地方你完全有資格向每位老同事請教。這樣，一旦公司有具體業務交給你時，你就能很快地進入狀態，不至於客人來電詢問時，只能用「我是新來的」這類的話來搪塞對方。

你用「我是新來的」來搪塞客人，態度雖然謙卑，但對於客人來說，他多多少少會在心裡有些看輕你，有可能從此在心裡留下一個你什麼都不懂的印象，而他也有可能就是你將來馳聘職場的合作夥伴。即使對方不是未來的合作夥伴，你也需要擁有自己的客戶資源，沒有自己的客戶資源，你如何在職場上打拼？

由於一些職場新人工作不積極主動，總是在等待別人來教自己，所以老是進入不了狀態，最後，要馬是懷才不遇，自己走人；要馬是不能勝任工作而被老闆炒魷魚……。

商場如戰場。作為一個職場新人，你進入職場就如同進入戰場，瞭解該公司和該行業的基本情況，就如同進入戰壕先熟悉地形一樣，你總不能在敵方子彈朝你射來的時候，大喊：「我是新兵，不要朝我開槍！」商場是無情的，就像子彈不長眼一樣。

投入自己的職場角色

「金無足赤，人無完人」，我們每個人都會在某方面有一些不足。若你早已發現自身不足的地方，那問題並不大，怕就怕有些問題自己根本看不到，結果自己的前途就在無意識中給毀了。

做為一名職場新人，或是來到了一個新的單位，應該如何才能夠最好本職的工作，融合到新的群體當中去呢？

一、做事要有責任感

缺乏責任感的員工，不會視企業的利益為自己的利益，當然也就不會因為自己的所作所為影響到企業的利益而感到不安，更不會處處為企業著想。在任何一個企業中，責任感皆是員工生存的根基。

缺乏責任感難免會失職，做為員工，與其為自己的失職找尋藉口，倒不如坦率地承認自己的失職。老闆會因為你能勇於承擔責任而不責難你；相反，敷衍塞責、推諉責任、找藉口為自己開脫，不但不會得到理解，反而會產生更大的負面作用，讓老闆覺得你不但缺乏責任感，而且還不願意承擔責任。沒有人能做得盡善盡美，但是，如何對待已經出現的問題，就能看出一個人是否能夠勇於承擔責任。

約翰和丹尼爾二人，新到同一家快遞公司，且被分為工作搭檔，他們工作一直都很認真努力，老闆也對他們很滿意，然而一件事卻改變了兩個人的命運。一次，約翰和丹尼爾負責把一件大宗包裹送到碼頭，這個包裹裡裝的東西很貴重，是一個古董，老闆反覆叮囑他們要小心。到了碼頭，當約翰把包裹遞給丹尼爾的時候，丹尼爾卻沒接好，包裹掉到了地上……古董碎了，老闆因此對二人進行了嚴厲的批評。

「老闆，這不是我的錯，是約翰不小心弄壞的。」丹尼爾趁著約翰不注意，偷偷來到老闆辦公室對老闆這樣說。

老闆平靜地說：「謝謝你丹尼爾，我知道了。」隨後，老闆把約翰叫到了辦公室。「約翰，到底怎麼回事？」約翰就把事情的原委告訴了老闆，最後約翰說：「這件事情是我們的失職，我願意承擔責任。」

約翰和丹尼爾一直等待懲處的結論。某天，老闆把約翰和丹尼爾叫到了辦公室，對他們二人說：「其實，古董的主人已經看見了你們在遞接古董時的動作，他跟我說了他看見的事實，還有我也看到了問題出現後，你們兩個人的反應。我決定了……約翰，留下繼續工作，用你賺的錢來償還客戶，至於你丹尼爾，明天開始你不用來了。」

有些員工總是強調，如果別人沒有問題，自己肯定不會有問題，借機把問題引到其他人身上，用以減輕自己對責任的承擔。與其在這裡挖空心思找各種理由來推卸責任，還不如想一想怎麼成為一位能夠真正承擔起責任，把出現的損失降到最低點的人。

一個不負責任的員工往往會找很多的藉口為自己辯解，從藉口上分析，很容易將沒有責任心的員工分離出來。一個有責任感的員工應時時刻刻要求自己：責任面前沒有任何藉口。

二、不要找尋藉口

藉口是拖延的溫床，習慣性的拖延者通常也是製造藉口的專家，他們每當要付出勞動或做出抉擇時，總會找出一些藉口來安慰自己，總想讓自己輕鬆一些、舒服一些。有了找藉口的習慣，做起事情來往往就不誠實，這樣的員工必定遭人輕視。

在我們小的時候，會因為不小心打碎了一個玻璃杯，害怕父母責罵而找藉口；上小學後，會為沒有完成作業，害怕老師怪罪而找藉口；再大一點，又會為考試成績不理想無法進入好學校，而尋找各種可以推脫責任的藉口……總之，在漫漫人生道路上，藉口伴隨著我們成長，在我們成長的道路上留下一路腳印。

在生活、工作中，我們往往聽到了太多的藉口：事情做不好的時候，我們會聽到「我不會」、「對不起，我沒有足夠的時間」、「他太挑剔」、「這不是我的錯」、「是他沒有告訴我」……等藉口；遲到的時候，我們會聽到「路上塞車」、「手錶停了」……等藉口；產品沒賣出去的時候，我們會聽到「顧客不滿意產品造型」、「今天天氣不好沒客人」……等藉口。

只要用心去找，總是可以找到藉口的。久而久之，就會形成這樣一種局面：每個人都努力尋找藉口來掩蓋自己的過失，推卸自己本應該承擔的責任。

一些人在出現問題時，不是積極、主動地加以解決，而是千方百計地尋找藉口，致使工作無績效，業務荒廢。藉口變成了一面擋箭牌，事情一旦搞砸了，就能找出一些冠冕堂皇的藉口，以換得他人的理解和原諒。但長此以往，人就會疏於努力，不再盡力爭取成功，而是把大量的時間和精力，放在如何尋找一個看似合適的藉口上。

藉口讓我們暫時逃避了困難和責任，獲得了些許心理慰藉，但一味地尋找藉口，無形中就會提高溝通成本，削弱團隊協調作戰的能力。如果養成了尋找藉口的習慣，當遇到困難和挫折時，就不會積極地去想辦法克服，而是竭力去找各種各樣的藉口。藉口的背後也意味著「我不行」和「不想努力」。長期這樣，會導致一個人的消極懈怠、一事無成，也會導致一個團隊的戰鬥力喪失、一個企業的落敗。

對待藉口，人人都有不同的態度。有的人認為，藉口可以拿來推卸責任，為自己開脫；有的人則認為，藉口會滋長人不負責任的心理，這必將會危害到人的一生。確實如此，當一個人犯了錯誤時，只會尋找看似合理的藉口來矇騙他人，而不去認真地面對自己的過失，這是最愚蠢的，因為他不知道，在蒙蔽了他人的同時，也欺騙、麻醉了自己，一個連自己都要欺騙的人還會有多大的作為呢？這是可想而知的。

所以，在現實社會裡，我們不能事事為自己找藉口，要學會對自己說：「沒有藉口！從自身找原因。」與其冥思苦想一個藉口，還不如利用思考的時間，去做好該做的事，做一個沒有藉口的人。

「沒有藉口」，看似一句很簡單很普通的話，這其中卻蘊涵著深刻的道理。「沒有藉口」它促使你學會負責，認真地做好每一件事，即便是再妙不可言的藉口，都只會使人不思進取；「沒有藉口」它促使你學會適應壓力，從容不迫地對待每一天；「沒有藉口」它促使你端正遇事態度，最終走向成功的彼岸。因此，只有做到「沒有藉口」，我們才能實現自己心中的理想、抱負，才能完成自己編制的宏偉藍圖。

三、新員工要多注意細節

到新公司你得注意許多細節。下面是一些成功人士的心得體會，希望對你在新單位建立個人的良好形象有所幫助。

(1) 認真瞭解企業文化

每家公司必然都有著諸多成文和不成文的規則，一般來說，這些規則是企業文化的精髓與靈魂所在。因此，若想快速融人新環境，並能左右逢源、如魚得水，這些規則你不僅要理會，而且要對其瞭若指掌、爛熟於心。當然，有些潛規則並非你能一眼洞穿的，因此在此同時，你還得多留個心眼。有一點要注意，千萬莫逞英雄，天真地認為這樣不對、那樣不對，否則，你只會成為「除舊革新」的殉葬品。

(2) 琢磨身邊每一張臉

當你從一個熟悉的圈子，忽然跳入另一個完全陌生的圈子，面對的是一張張或深沉、或狂傲、或高深莫測的臉。新到一個單位時，你應積極主動與別人打招呼，並與趣味相投、價值觀相近的同事建立友誼關係。俗話說得好，「遠親不如近鄰」，這樣做的好處在於一旦有小人排擠你，他們的出手援助就顯得尤為重要。不過注意，在建立關係時應把握好分寸，避免鑽進狹隘的「小圈子」裡出不來，否則百害無一益。

(3) 多做事、少說話

影印機沒紙了，主動幫忙加紙；飲水機沒水了，主動給送水公司打個電話……多做點這類看似雞毛蒜皮的小事並非「大材小用」，多做這些事情，往往最給人留下好印象。另外，莫做「三姑六婆」，當身邊一些「長舌公」、「長舌婦」與你嘮叨時，最好還是閉嘴為妙，免得捲入是非漩渦、得罪他人，或者貽笑大方。

(4) 積極過火也是錯

誰都希望自己能給上司留下一個好印象，這無可厚非，只不過在實現這一目標的過程中，你莫忘了過猶不及。積極表現有時也會出錯。例如，你每天提前二十分鐘到辦公室補水、整理環境，久而久之，別人會認為你那樣做是理所當然的，莫名變成了是你份內的事，如果某天你突然不再那麼做了，人家就會覺得很不習慣，認為你失職了，進而指手畫腳、說三道四。所以積極做事，也得講分寸。

(5) 不用害怕說「我不懂」

每家公司皆有各自的特點及運營體制，某些方面你不甚明瞭，實屬正常之事。初到單位，你應該做的是督促自己迅速進入角色，千萬別以為自己是新人，就在一旁等著有人來慢慢一步一步地教你做事。遇到問題時，向有經驗的人討教：「我想知道這種事情通常如何處理？」、「您看我這樣做行不行？」……哪怕你請教的是一個沒多高學歷的人也極為正常，畢竟人家有寶貴的經驗，而且是你沒有的經驗。不恥下問是優點，切記別不懂裝懂，或拋開問題不管。

(6) 絕對遵守工作紀律

各個公司因行業差異而紀律也各不相同，這些紀律，作為「新人」的你必須絕對遵守。也許沒有人會因為你一、兩次的違規而指責你，但請相信，老闆的眼睛是雪亮的。如果莫名其妙地栽在這類事情上，後悔就晚了。

正是這些瑣碎的小事，決定著你是否能夠很快地融入新公司。幾乎每一家公司都是這樣——除了看中員工的工作效率外，對其職業素養也十分注重。這就如同企業選拔人才，在決定裁員名單時，職業素養往往也成為公司裁員的標準之一，職業素養不是很好的人，其職位隨時可以被其他較好的人所取代，更不用說新員工了。

【智慧語錄】

職業素養往往體現在一個人的工作習慣、工作態度、工作方法、待人接物等方面。做為新人唯有注意到方方面面、在小事上下功夫，才能贏得老闆的欣賞，進而迅速地在新公司中立足並佔有一席之地。

把平常的事做得不平常

一成不變的生活、繁瑣無味的工作，一步步地吞噬著人們的夢想與幻想。改變吧！為了你自己。

從平凡中發現不平凡

不要小看自己所做的每一件事，即便是最普通的事，也應該全力以赴、盡職盡責地去完成。小任務順利完成，有利於你對大任務的成功掌握。一步一腳印地向上攀登，便不會輕易跌落，透過工作獲得力量的秘訣就蘊藏在其中。企業的規模越大、效益越好，在細節處下的功夫也越多，對小事是否做到位也越重視。他們認為：細節到位能夠有效維護企業正常運轉，為企業發展提供更多的動力和支援。

尤里•加加林是蘇聯第一個進入太空的太空人。然而，當時優秀的候選人雲集，尤里是怎樣從二十多名飛行員中脫穎而出的呢？是一個良好的細節習慣成就了他。在選拔過程中，二十多位飛行候選人一直實力相當，讓考官們難以抉擇。然而，在演習之前，太空船設計師發現二十多人之中，只有尤里一人是脫了鞋進入機艙的。就是這個細節打動了設計師，他認為這是對飛船的一種愛護，更是對他設計專業的一種肯定。於是，設計師當即決定讓尤里執行試飛。

關鍵的細節決定了最後的成敗。即使是最平常的細節，只要累積夠了，也能對成敗產生決定性的影響。

在日常生活中，母親泡奶粉餵嬰兒喝時，因為害怕將嬰兒的嘴燙傷，於是先滴了點奶汁在自己的手背上，感受過溫度後才餵食嬰兒。一個企業家注意到這一點，他想，為什麼不能把溫度計變成小湯匙的形狀，這樣在攪拌奶粉時就可以知道溫度，不是很方便嗎？於是這位企業家在觀察到細節後得到了創意，進而將小湯匙和溫度計結合在一起，發明了測溫勺，此產品一問世，銷售狀況十分熱賣。這正是由於創新，使他獲得了極大的效益。

沒有小事就沒有大事，一座金碧輝煌的大建築物，是由千萬塊微小的木材石塊磚瓦合成的。若沒有那些微小的材料，就絕不會有那一座雄壯的建築物。同樣，一件大事的成功也是由於許多的小事集合而成。

所以，在生活和工作中，我們要認真地對待每一件小事。每一件事情對人生都具有十分深刻的意義。堅持做好每一件事，是成大事者必須注重的做事細節。

在「做好小事」的基礎上，尋找創新之路

生活中、職場上，有許多人也許很有才能，但很少有人能夠堅持把一些平凡的小事

做好。一個人的成功，有時純屬偶然，可是誰又敢說，那不是一種必然呢？

看不到細節，或者不把細節當回事的人，對工作缺乏認真的態度，對事情只能是敷衍了事。這種人無法把工作當作一種樂趣，而只是當作一種不得不接受的苦役，因而在工作中缺乏熱情；而考慮到細節、注重細節的人，不僅認真地對待工作，將小事做細，並且注重在做事的細節中找到機會，從而使自己走上成功之路。

那麼在日常的生活和工作當中，如何才能將平常的事情做得不平常呢？

一、做好日常生活中的小事

查克年輕的時候，曾到一家很有名的銀行去求職，他找到董事長，請求能被聘僱，然而沒說幾句話就被拒絕了。當他沮喪地走出董事長辦公室寬敞的大門時，發現大門前的地上有一個圖釘，他彎腰把圖釘撿了起來，以免讓圖釘傷害到別人。

第二天，查克出乎意料地接到銀行錄用他的通知書。原來，就在他彎腰撿圖釘的這一個小動作被董事長注意到了。董事長認為一個如此細心、小心的人，非常適合在銀行工作，於是改變主意錄用了他。事實證明，董事長的判斷是正確的，查克在銀行裡的每件工作都做得非常出色，後來還成為了法國的銀行大王。

查克正是因注重細節才引起了大老闆的青睞，況且那個細節是那麼的微不足道、人人都能夠做到的小事情。雖然他從一個小職員最後發展成為大老闆的經歷，帶上了濃重的偶然性色彩，但同時也給我們以借鑒作用：注重細節，可以更加容易成就大事。

查克在面試的時候並沒有表現得才華橫溢，而是一個董事長不願意錄用的應聘者。何況在他面試的時候，從能力上能勝過他的人一定不少，但其中像他那樣不拒絕平凡而注重細節的人卻能有幾個？

二、注重平常小事中的細節

有一次，日本獅王牙刷公司的員工加藤信三為了趕去上班，刷牙時急急忙忙，不小心傷到了牙齦導致受傷出血。他為此大為惱火，上班的路上仍是非常氣憤。

回到公司，加藤為了把心思集中到工作上，還是硬把心頭的怒氣給平息下去了，他和幾個要好的夥伴提及此事，並相約一同設法解決刷牙容易傷及牙齦的問題。

他們想了不少解決刷牙造成牙齦出血的辦法，例如把牙刷毛改為柔軟的狸毛、刷牙前先用熱水把牙刷泡軟、多用些牙膏、放慢刷牙速度……等等，但效果均不太理想，後來他們在放大鏡底下進一步仔細檢查牙刷毛，發現刷毛頂端並不是尖的，而是四方形的。加藤想：「把它改成圓形的不就好了！」於是他們著手改造牙刷。

經過實驗取得成效後，加藤正式向公司提出了改變牙刷毛形狀的建議。公司高層看後，也覺得這是一個非常好的建議，欣然把全部牙刷毛的頂端改成了圓形。改造後的獅王牌牙刷在廣告媒體的作用下銷售極好，銷量直線上升，最後佔了全國同類產品的四成左右，加藤也因此從普通職員晉升為科長，十幾年後更成為公司的董事長。

牙刷不好用，在我們看來都是司空見慣的小事，所以很少有人想辦法去解決這個問題，機遇也就從身邊溜走了。而加藤不僅發現了這個小問題，還對小問題進行細緻的分析，進而使自己和所在的公司都取得了成功。

三、從平常小事中去創新

越戰期間，美國好萊塢舉行過一次募捐晚會，由於當時的反戰情緒比較強烈，募捐晚會以一美元的收穫而告終，創下好萊塢最低募捐資金的金氏世界紀錄。而在這次晚會上，竟意外促成一個叫卡塞爾的小夥子一舉成名，他是蘇富比拍賣行的拍賣師，那一美元正是他用智慧募集到的。當時他讓大家在晚會上選一位最漂亮的女性，然後由他來拍賣這名女性的香吻，最後他募到了難得的一美元，當好萊塢把這一美元寄往越南前線的時候，美國的各大報紙都進行了報導。

人們看到這一消息，無不驚嘆卡塞爾對戰爭的嘲諷，然而德國的某一間獵人頭公司卻發現了這位天才，他們認為卡塞爾是棵搖錢樹，誰能運用他的頭腦，必將財源滾滾。於是，這家公司建議在德國日漸衰萎的奧格斯堡啤酒廠重金聘他為顧問。

一九七二年，卡塞爾移居德國，受聘於奧格斯堡啤酒廠。他果然不負眾望，在那裡異想天開地開發了美容啤酒和浴用啤酒，進而使奧格斯堡啤酒廠成為全世界銷量最大的啤酒廠。

一九九〇年，德國政府拆除了柏林牆，這一次卡賽爾使柏林牆的每一塊磚都以收藏品的形式賣給了二百多個家庭和公司，創造了城牆磚售價的世界之最。

一九九八年，卡塞爾返回美國，他下飛機時，美國賭城——拉斯維加斯，正上演一齣拳擊秀，泰森咬掉了霍利菲爾德的半隻耳朵。出人意料的是，過沒幾天，歐洲和美國的許多超市竟然出現了「霍氏耳朵」巧克力，其製造廠正是卡塞爾所屬的特爾尼公司。這一次，卡塞爾雖因霍利菲爾德的起訴輸掉了公司近八成的盈利額，但他天才的商業洞察力卻給他贏來年薪三千萬美元的身價。

由此可見，「創新」甚至是一些偉大的創新，有時並不像人們所想像的那麼困難，它往往來自於對最簡單、最容易被忽略的事實之觀察和理解。當你腦袋裡不時蹦出古靈精怪、新鮮離奇的點子時，千萬別輕視、丟棄它。也許，它正是你一鳴驚人的起點。

【智慧語錄】

「海不擇細流，故能成其大；山不拒細壤，方能就其高。」就是經過一點一滴的累積，方能成就不凡的景色。有的朋友以為做了大官才能做大事，或者只想做大事，但最終肯定是成不了大事，反而連小事也做不好。

在每一件小事上比功夫

因小事而不為，你就只能與其他人一樣——平庸。

追求細節，力求完美

某一天，有個人到著名雕塑家米查爾•安格魯的工作室參觀，看見他正在忙於一個雕塑品的修補，過了一個禮拜，這個人再到工作室參觀，發現米查爾依然忙著對同一個雕塑品進行修補，覺得很奇怪，於是米查爾便對這一位參觀者解釋：「我在這個地方潤了潤色，使那兒變得更加光彩，使面部表情更柔和，使那塊肌肉顯得更強健有力，使嘴唇更富有表情，使全身顯得更有力度。」

那位參觀者聽了不禁說道：「但這些都是些細微之處，不大引人注目啊！」米查爾回答道：「也許如此，但你要知道，正是這些細節使整個作品趨於完美，而讓一件作品完美的細節，可不是件小事情啊！」

畫家尼切萊斯•鮑森畫畫時有一條準則，即凡是值得做的事都應該做到位、力求完美。他的一位朋友馬韋爾在他晚年曾問他，為什麼他在義大利畫壇擁有如此高的聲譽，鮑森回答道：「因為我從未忽視過任何細節和小處。」

江南一家名牌襪廠曾向日本出口襪子，儘管產品品質優異、樣式新穎，可就是登不了大雅之堂，只能降格擺在小攤上廉價出售，甚至乏人問津。其實，癥結就在於襪子的商標貼歪了。在顧客看來，連商標都貼不正的企業，怎能讓人相信其產品是優等品呢？一個小小的瑕疵敗壞了名牌的形象，廠家因此失去了市場。

所以說，許多偉大的事業或成就，都是這樣透過不經意的小事不斷地積累而來的。人類社會如此，大自然也是如此。

從細節中發現機遇

企業無論大小，職位無論高低，細節上下的功夫不可或缺。只有下足了細節上的功夫，才能夠成就大的事業，注意周圍的小事，我們就能從細小的事物中發現機遇。那麼作為平凡的我們，應該如何做好每件小事呢？

一、不可忽視細節

生活中，總是有太多的人忽略所謂的小節，而給自己的事業和人生帶來巨大的障礙和麻煩。不妨再舉一件發生在我們周圍的真人真事：

十九世紀的英國物理學家瑞利，正是從日常生活中觀察到重大發現，他注意到端茶時茶杯會在碟子裡滑動和傾斜，導致茶杯裡的水會灑出一些，但當茶水稍微灑出一點弄濕了茶碟時，會突然變得不易在碟上滑動了。他對此做了進一步研究，並做了許多相似的實驗，結果求得一種計算摩擦力的方法——傾斜法，他因此獲得了意外的收穫。於細小處發現大機遇是每個成功的人都善於做的，機遇往往隱藏在細微事情的背後。如果剛剛出現一點跡象就抓住它，你就比別人快，就總是與機遇有緣。

二、注重著裝細節

俗話說：「佛要金裝，人要衣裝。」穿著打扮對樹立一個人的良好形象有著十分重要的作用。平時穿著好一點、新潮一點倒沒什麼，但如果你在一家公司裡上班，那就完全不同了，很多上班族時運不濟，有可能就是因為他的穿著出了問題。

穿著打扮，看起來是一件小事，但卻對個人的事業成功有很大的影響。

有一次，謝志成與老闆一起外出洽談一項業務。他一改平日的休閒著裝，換上新買的西裝，想透過「包裝」給客戶留下良好的第一印象。跟客戶見面時，客戶看到謝志成的氣派模樣，眼前為之一亮，緊緊握住謝志成的手說：「經理真是年輕有為啊！」

謝志成的穿著正式體面，客戶誤把他當成了「主人」，反而把一身舊衣服的老闆當成了「隨從」晾在一旁。直到談判快結束需要簽字時，對方才知道穿舊衣服的才是「主角」，結果業務沒能談成，還被傳為笑話。後來，老闆就對謝志成「另眼相待」了，往後有業務需外出拜訪時再也不要他陪同，一個人才就這樣被老闆冰凍了。

身為一個下屬，如果你的衣著比你的老闆更好、更體面，那麼多數的發展機會就與你無緣了。因為你穿得比他更體面，會讓他很失面子，心裡有一種被你比下去的感覺，而感到自慚形穢。就算你各方面都很優秀，老闆也不會對你有好感，試想，世上有哪個老闆喜歡一個比他強、穿著比他好又讓他失去面子的人呢？

若你擔心自己的衣著不夠得體，或者你不知道如何塑造自己的形象的話，你能以老闆的衣著風格來衡量自己的著裝。當你與老闆的著裝風格一致，你就不會犯「鶴立雞群」的錯誤，反而還可以更好地突出你積極進取、努力向上的精神，除了容易得到老闆的器重和賞識，還會讓他產生一剩「找到知音」的感覺，甚至老闆可能會認為你與他有著相同的價值取向，而容易對你產生好感。

塑造與公司氣氛相協調的衣著風格，是樹立你的良好形象，並得到老闆、同事好感和認同的基礎，是你走向成功的必要階梯。與老闆的衣著風格一致也好，不一致也好，都要注意一個細節，不要比他穿得更好。如果老闆因為你比他穿得好而棄你不用，那實在是太不值得的事了！

三、細節之處下功夫

每一條跑道上都擠滿了參賽選手，每一個行業都擠滿了競爭對手。你知道各大企業在細節上下的功夫有多少嗎？

麥當勞的麵包只要不圓或切口不平都不用；生菜從冷藏庫拿到配料臺上只有兩小時的保鮮期，過期就扔掉；生產過程採用電腦操作和標準操作，製作好的成品和時間牌一起放到成品保溫槽中；炸薯條超過七分鐘就要毫不吝惜地扔掉。麥當勞的作業手冊，有五百六十頁，其中對如何烤牛肉餅一項就寫了二十多頁。

著名的瑞士Swatch手錶，就是以在手錶的每一個細微處展現自己的精緻、時尚、藝術以及人性化的特點為目標。此外，隨著季節，Swatch還會不斷地更新主題針盤、指針、錶帶、扣環等，這些細節無一不是Swatch的創意源泉，它力圖在手錶狹小的空間裡，將每一個意念都得到最完美的闡釋。Swatch尤其受到年輕人的擁戴，其每一款圖像、色彩，在每一個細微處，都暗含年輕與個性的密碼，或許這就是它風靡的原因。

在市場競爭日趨激烈的今天，企業間產品或服務在大方向的差別不大，差別往往就在細節裡。一些企業在抓產品或服務品質時只注重大處，卻忽視了細處，對不起眼的小毛病不以為然，結果往往吃了大虧。

「沒有最好，只有更好」，有缺陷的細節層出不窮，根本沒有止境，完善細節的大文章也永遠做不完。由此看來，企業只有細緻入微地審視自己的產品或服務，力爭精益求精，才能讓產品或服務日趨完美，在競爭中增加致勝的籌碼。

【智慧語錄】

不要小看小事，不要討厭小事，只要有益於自己的工作和事業，無論什麼事情我們都應該全力以赴。用小事堆砌起來的事業地基才是堅固的，用小事堆砌起來的工作才是真正有品質的工作。要學會注重小事，就要凡事從細微之處下功夫！

苛求細節的完美

只有付出你的專業和重視細節的精神，才能鑄造完美的細節，體現專業化的品質。

培養追求完美的習慣

美國軍事學院在培訓方面很重視細節，總是強調必須熟知每一個細節點，例如從M16槍枝的使用、構造到扣環的清潔等。他們透過細節的學習讓學員瞭解到，追求完美其實並不是遙不可及的事情，而是像擦扣環一樣容易：你能把扣環擦亮，在做重大的事情時，就一樣有耐心去做到成功，而不受別的因素影響。美國軍事學院要求學員像呼吸一樣的完成任務，形成一種近乎本能追求完美的習慣。

面對這種嚴格的要求，在有些事情上，新學員可能會做得不夠完美，所以學員必須學會在所有事情中去判斷哪個重要、哪個次之，找出平衡點，有條理地、努力地去完成所有的任務，並儘量做得成功和完美。新學員在第一年要學會服從，透過在服從中體驗這些困難，以增強他們的自尊、自信、自律，從而達到追求完美的目的。有一種訓練是這樣的，如果學員身上很癢，仍要忍得住，不能去搔癢。試想，如果一支部隊的士兵都在左搖右擺地搔癢，他們能有戰鬥力嗎？所以，學員應該明白這就是自律。

在職場也是一樣，也許你會覺得你做的這些都是不起眼的小事，但在商業社會中，是否注重細節的完美就體現在這些小事上。因為我們每個人所做的工作，都是由一件件小事構成的，不是嗎？

苛求細節，鑄造完美

克勞斯曾引用兩位生物學家的發現——人類與黑猩猩。人類與黑猩猩的 DNA 極為相近，只有百分之一的差異，但就是這微不足道的百分之一，把人與動物區別開來。所以，克勞斯說：「一個由數以百萬計的個人行為所構成的公司，經不起其中百分之一或百分之二的行為偏離正軌。」

把每一件事做到極其完美的程度，必須付出你所有的熱情和努力。完美的細節體現出一種專業化的品質，只有具備了專業化訓練和精神的人，才能鑄造完美的細節。那麼，在渴求細節完美的時候，我們應該注意哪些方面呢？

一、做好細微的小事

桑布恩先生是一位職業演講家，曾經有一位優秀的大樓管理員弗雷德給他提供過最好的服務，於是在全國各地舉行的演講與座談會上，他都會拿出這位管理員的故事和聽眾一起分享。故事是這樣的：

「我的名字是弗雷德，是這大樓新來的管理員，我想向您介紹一下我自己，同時也希望能對您有所瞭解，例如您所從事的行業。」弗雷德中等身材，蓄著一撮小鬍子，相貌很普通。儘管外貌沒有任何出眾之處，但他的真誠和熱情透過自我介紹溢於言表。桑布恩從來沒見過哪位大樓管理員會做這樣的自我介紹，這使他心中頓覺一暖。

當弗雷德得知桑布恩是個職業演說家的時候，弗雷德表示希望能知道桑布恩的行程表，以便桑布恩不在家的時候可以把信件暫時代為保管。

桑布恩認為沒必要這麼麻煩，只要把信放進門前的郵筒裡就好。但弗雷德提醒道：「竊賊經常會窺探住戶的郵筒，如果他們發現郵筒是滿的，就表示主人不在家，他們就可能為所欲為了。」所以弗雷德建議只要郵筒的蓋子還能蓋，他就把信放到裡面，別人不會看出桑布恩不在家；至於塞不進郵筒的郵件，他就塞進門縫裡，從外面看不見；如果門縫裡也放滿了，他就把剩下的信留著，等桑布恩回來。

桑布恩在多次演講中提起弗雷德的故事後，某天有一位灰心喪氣、一直得不到老闆賞識的員工寫信給桑布恩。信中表示弗雷德的榜樣鼓勵了他「堅持不懈」，因而促使他做自己心裡認為正確的事，而不計較是否能得到承認和回報。

又有一次演講之後，一位聽眾對桑布恩說他現在才了解到，原來一直以來自己事業的理想就是做一個「弗雷德」。他相信，在任何一個行業和領域裡，每個人的奮鬥目標都應該是傑出和優秀的。

現在國外已經有很多公司創設了「弗雷德獎」，專門鼓勵那些在服務、創新和盡責上具有同樣精神的員工。弗雷德和他工作的方式，對於二十一世紀任何想有所成就、脫穎而出的人來說，都是一個最適用的象徵。且似乎每一個人，不論他從事的是服務業還是製造業，不論是在高科技產業還是在醫療行業，都喜歡聽弗雷德的故事。聽眾對弗雷德著迷，同時也受到他的激勵與啟發。

剛進職場的年輕人，很少馬上就被委以重任，往往是做些瑣碎的工作。但是不要小看它們，更不要敷衍了事，因為人們是透過你的工作來評價你的，如果連小事都做得草率，別人又怎麼敢把大事交給你呢？

二、對每個細節都要下功夫

為了發展海爾集團整體衛浴設施的生產，一九九七年八月，三十三歲的魏小娥被派往日本，學習掌握世界最先進的整體衛浴生產技術。在學習期間，魏小娥注意到，日本人試模期的廢品率一般都在百分之三十或六十，設備調試正常後，廢品率為百分之二。

「為什麼不把合格率提高到百分之百呢？」魏小娥問日本的技術人員。

「百分之百？妳覺得可能嗎？」日本人反問。從對話中，魏小娥意識到，不是日本人能力不行，而是思想上的枷鎖使他們停滯於百分之二。但魏小娥對自己的標準是百分之百，即「要馬不做，要做就要爭第一」，她拼命地利用每一分每一秒的學習時間，三週後，她帶著先進的技術知識，以及更強大的信念回到了公司。

時隔半年，日本模具專家宮川先生來華訪問見到了「徒弟」魏小娥，她此時已是衛浴分廠的廠長。面對著一塵不染的生產現場、操作熟練的員工和百分之百合格的產品，宮川先生看傻了，反過來向徒弟請教：「你們是怎麼做到現場清潔的？百分之百的合格率是我們連想都不敢想的，對我們來說，百分之二的廢品率、百分之五的不良品率天經地義，你們又是怎樣提高產品合格率的呢？」

「細心。」魏小娥簡單的回答又讓宮川先生大吃一驚。

細心，看似簡單，其實不簡單。

小娥在實踐中把百分之二放大成百分之百去認識。例如她發現，有的產品成型後有不易察覺的黑點，就馬上召集員工商量對策。有的員工說：「這個黑點不仔細看根本看不見，再說，經過修補後完全可以修掉……」

魏小娥說：「這些有黑點的產品萬一流向市場，就會影響公司的名譽，消費者都能拿著放大鏡去買冰箱，也會拿著這東西來買衛浴設施。所以，既是『白璧』就不能有『微瑕』，產生這個小黑點的原因，就是代表我們的現場還沒做到一塵不染。」

看過魏小娥帶回的日本生產衛浴產品現場照片的員工說：「日本人的現場都那麼髒，再說，壓出板材後，難免會有毛邊落下來……」

魏小娥聽後不以為然，想破頭了也要解決這個問題。一天，下班回家已經很晚了，吃著飯的魏小娥仍然在想著怎樣解決「毛邊」的問題。突然，她眼睛一亮，看見女兒正在用削鉛筆機削鉛筆，鉛筆的粉末都落在一個小盒內，魏小娥豁然開朗，顧不得吃飯，立即在燈下畫起了圖紙。第二天，一個專門收集毛邊的「廢料盒」誕生了，壓出板材後清理下來的毛邊直接落人盒內，避免落在工作現場或原料上，因此也就有效地解決了板材的黑點問題。

又有一次，魏小娥在原料中發現了一根頭髮。一根頭髮絲就是產生廢品的定時炸彈，萬一混進原料中就會出現廢品。於是魏小娥馬上給員工統一製作了白衣、白帽，並要求大家統一剪短髮。這又消滅了一個可能出現百分之二廢品的原因。

百分之二的責任得到了百分之百的落實，百分之二的可能被一一杜絕。終於，這個被日本人認為是「不可能」的百分之百產品合格率，讓魏小娥做到了。

三、追求細節的完美

希爾頓飯店的創始人、世界旅館業之王康拉德‧希爾頓就是一個追求細節完美的人。康拉德‧希爾頓要求他的員工：「大家要牢記，萬萬不可把我們心裡的愁雲擺在臉上！無論飯店本身遭到何等的困難，希爾頓服務員臉上的微笑永遠是顧客的陽光。」正是這小小的永遠的微笑，讓希爾頓飯店的身影遍佈世界各地。

一家企業的副總凱普曾入住過希爾頓飯店。他猶記那天早上才剛打開門，走廊盡頭站著的服務員就走過來向凱普先生問好。讓凱普先生覺得奇怪的並不是服務員的禮貌舉動，而是服務員竟然喊出了自己的名字，因為在凱普先生多年的出差生涯中，在其他飯店住宿時從沒有服務員能叫出客人的名字。

原來，希爾頓要求各樓層服務員要隨時記住自己所服務的每個房間客人的名字，以便提供更細緻周到的服務。當凱普坐電梯到一樓的時候，一樓的服務員同樣也能夠叫出他的名字，這讓凱普先生很納悶，服務員於是解釋：「因為樓上有電話通知說您下來了。」吃早餐的時候，飯店服務員送來了一道點心。凱普就問：「這道菜中間紅色的是什麼？」服務員看了一眼，然後後退一步做了回答。凱普又問：「那旁邊那個黑黑的是什麼？」服務員上前看了一眼，隨即又後退一步做了回答。他為什麼後退一步？原來，他是為了避免自己的唾沫濺到客人的餐點上。

如此一個小小的微笑、簡單的問候，或是一些貼心的小動作，都能讓對方感到無比的貼心，進而對這間公司留下了極好的印象，公司也得到了極好的評價。此雙贏的局面，何樂而不為？

【智慧語錄】

我們常說要追求卓越，其實卓越就是苛求細節的具體表現，卓越並非高不可攀，也不是遙不可及，只要我們認真從自己做起，從日常的每一件小事做起，並把它做精、做細，都可以達到卓越的狀態。

第三章

用心做事 盡職盡責

要想把工作做徹底，良好的工作心態必不可少；要想做好手中的工作，就必須用心做事、盡職盡責。否則你就可能走入誤區，以應付、敷衍的態度來面對工作，甚至純粹是為了金錢、功利而工作。只有將你的心態擺正了，你的工作才能順利開展，才能徹底完成。

只是認真還不夠，還要用心

若一件事情是正確的，那就大膽而盡職地去做吧！若它是錯誤的，就乾脆別動手。

為自己製造「改變命運」的機會

有一個偏遠山區的女孩到城市打工，由於沒有什麼特殊技能，於是選擇了餐廳服務員這個職業。在常人看來，這是一個不需要什麼技能的職業，只要招待好客人就可以了。許多人已經從事這個職業多年了，但很少有人會認真投入這個工作，因為這看起來實在沒有什麼需要投入的。

但這個女孩恰恰相反，她一開始就表現出了極大的耐心，並徹底將自己投入到工作之中，每一天她都認真地對待自己的工作。一段時間以後，她不但能熟悉常來的客人，而且掌握了他們的口味，只要客人光顧，她總能夠千方百計地使他們高興而來，滿意而去。這不但贏得了顧客的稱讚，也為餐廳增加了收益——她總是能夠使顧客多點一、兩道菜，並且在別的服務生只照顧一桌客人的時候，她卻能夠獨自招待兩桌的客人。

就在老闆逐漸認識到其才能，準備提拔她做店內主管的時候，她卻婉言謝絕了這個任命。原來，一位投資餐飲業的顧客看中了她的才幹，準備與她合作，資金完全由對方投入，她負責管理和員工培訓，並且鄭重承諾她將獲得新店面四分之一的股份。現在，她已經成為一家大型餐飲企業的老闆。

認真工作是個人素質的體現，一個具有良好素質的人一定會認真工作。認真工作的員工不用為自己的前途擔憂，因為他們已經養成了一個良好的工作習慣，到任何地方都會受到歡迎。而在工作當中，做為員工除了認真外，更重要的是要用心。只有用心才能成功，才能有更大的收穫。

做事情的「三不」重點

齊格勒說：「如果你能夠盡到自己的本分，盡力完成自己應該做的事情，那麼總有一天，你能夠隨心所欲從事自己想要做的事情。」反之，如果凡事得過且過，從不努力把自己的工作做好，不用心對待在職的每一天，那麼就永遠無法到達成功的頂峰。

那麼在平常的工作當中，要如何才能認真而又用心地做好每一樣工作呢？

一、不要應付工作

每個企業都可能存在這樣的員工：他們每天按時打卡，準時出現在辦公室，卻沒有及時完成工作；每天早出晚歸、忙忙碌碌，卻不願盡職盡責。對他們來說，工作只是一種應付：上班要應付、加班要應付、上司分派的工作要應付、工作檢查更要應付，甚至就連睡覺時也要忙著應付——想著怎樣應付明天的工作。

應付了事，是員工缺乏責任心的一種表現，它實際上是工作中的失職，是隱藏在我們通往成功道路上的一顆定時炸彈，時機一到就會轟然爆發，貽害無窮。然而，讓人擔心的是，這種現象在我們的工作中依然普遍存在著。

在很多公司中，令老闆最頭疼的就是員工對分配的工作不積極努力地去做，而只做一些表面文章。這些員工非但不重視日常事務，基礎工作也不踏實、不完善，對於這種工作作風，實際效果可想而知。

二、不要應付檢查

為什麼當前國內許多企業產品的品質越來越低？原因其實相當簡單，許多企業可以把檢查人員「擺平」，即使出現問題也會與管理者進行內部交流，對於一些不符規範之處，稍作整改後自然獲得通過。如果檢查的工作人員也以應付或者礙於情面不予指出，那麼所有的工作就處於一種失控狀態，容易給後面的工作埋下隱患，若又涉及系統性和流程性工作時，則將對後續工作產生較大的影響。

工作不認真、不主動、應付了事、什麼事都不追求最好的結果，事情雖然做了，卻沒有什麼實際效果。從某種意義上說，這種應付工作的態度比拒絕執行更加可怕。如果你拒絕執行，管理者會找一個人來替換你的工作，而應付者則從一開始就蒙住了管理者的雙眼，讓危害在最後時刻爆發，到時再想挽救，自是難如登天。

對員工個人來說，養成了應付了事的惡習後，必定會輕視自己的工作，甚至輕視人生的意義。粗劣的工作會造成粗劣的生活。工作是人們生活的一部分，應付自己的工作，不但降低工作的效率，而且還會使人喪失做事的才能。

三、不要三心二意

一位成功人士曾被別人問到他是如何取得巨大的成功時，他的回答是：「不論你從事何種職業，都應該盡職盡責，不要混水摸魚、敷衍了事。」

一個人無論從事何種職業，都應該盡自己的最大努力，以求不斷的進步。這不僅是工作的原則，也是做人的原則。如果沒有了職責和理想，人生就會變得毫無意義。那些取得成就的人，一定都是在某一特定領域裡進行過堅持，且不懈努力的人。

知道如何做好一件事，比對很多事情都懂一點皮毛要強得多。某任美國總統在德克薩斯州一所學校演講時，他對學生們說：「比其他事情更重要的是，你們需要知道怎樣將一件事情做好；與其他有能力做這件事的人相比，如果你能做得更好。那麼，你就永遠不會失業。」

一個成功的經營者說：「如果你能真正製作好一枚別針，應該比你製造出粗糙的蒸汽機賺到的錢更多。」

許多人都曾為一個問題困惑不解：明明自己比他人更有能力，但是成就卻遠遠落後於他人！面對這樣的問題，我們不要疑惑、不要抱怨，而是應該先問問自己，是否曾在自己的工作領域裡，有過混水摸魚的行為？

一位先哲說過：「如果有事情必須去做，便盡心盡力地投入去做吧！」做事情不能善始善終的人，其心靈上亦缺乏相同的特質，他不會培養自己的個性、意志無法堅定，無法達到自己追求的目標；而一個做事一絲不苟的人就能夠迅速培養嚴謹的品格，獲得超凡的智慧，它既能帶領普通人往好的方向前進，更能鼓舞優秀的人追求更高的境界。

【智慧語錄】

工作是上天賦予每個人的使命，把自己喜歡並且樂在其中的工作當成使命來完成，就能發掘出自己特有的才能。其中，最重要的就是要保持一種積極的心態，即使是辛苦枯燥的工作，也能從中感受到它的價值，當你在完成使命的同時，就會發現成功之芽正在萌發。

與「差不多先生」說再見

細心者往往可以旗開得勝，而粗心者卻往往因忽略細節而功敗垂成。

就連小事也要做到盡善盡美

社會上「差不多先生」比比皆是，好像、幾乎、似乎、將近、大約、大體、大致、大概等等，都成了「差不多先生」的常用詞。就在這些詞彙一再使用的同時，生產線上的次品出來了；礦山上的事故頻頻發生著；社會上違章犯法、不講原則的事情也是屢禁不止。而與「差不多」觀念相應的，是人們都想做大事，而不願意或者不屑於做小事。

但事實上，芸芸眾生能做大事的實在太少，多數人的多數情況總還只能做一些具體的事、瑣碎的事、單調的事，也許過於平淡，也許雞毛蒜皮，但這就是工作、是生活，也是成就大事不可缺少的基礎。

當然，馬虎做事錯誤率就高，只有細心和事前預防措施的細緻周到，才能將事情做得完善，企業應該幫員工建立一種「不害怕任何錯誤、不接受任何錯誤、不放過任何錯誤」的心態，自動自發地找差距、挖隱患、挑毛病、揭問題、查原因、找根源，層層把關、步步提高，把問題在公司內部一次性地解決，不給客戶製造任何麻煩、不留任何隱患，高起點才會有高成果、高效率和高效益。

要建立預防性的管理模式，就必須按照公司制定的標準，規範管理行為，使公司的品質體系得到有效的運行。克勞士比有這樣的名言：「通過預防缺陷可以使你致富。」

將附於體內的「差不多先生」給「驅逐出境」

曾有一個《買猴兒》的相聲故事：馬大哈是一位商場的員工，在公司裡愛串門子，為人粗心大意、工作馬馬虎虎、生活大大喇喇、講話嘻嘻哈哈。有一天，老闆通知他購買五十箱猴牌肥皂，結果他把採購單寫錯，讓採購員買了五十隻猴子回來，鬧了一個大笑話。我們應該從哪些方面著手，才能跟「馬大哈」、「差不多先生」說再見呢？

一、切勿忽略個人的細節

待業許久的大偉與某間公司約好了下午二點面試，可他直至二點十五分才到。櫃檯小姐把他帶去面試時，面試的經理還沒開口詢問，他就開始解釋說路上車塞車了好長一段時間，真沒辦法才遲到。面試剛開始三分鐘，他手機音樂響起來了，大偉習慣性地接聽了電話，像是旁若無人，只聽他說：「這件事不是跟你說多少次了嗎？你直接問總經理就行了。」

談到一個專業問題時，面試官問：「這樣的操作可行嗎？」

大偉答：「我說這樣做就肯定沒問題的，這方面我已經有十幾年工作經驗了。」結果是，雖然對方對於他的業務能力表示認可，但其不注重準時、禮節、謙虛等細節，誰敢錄用他呢？企業在用人時，特別注重應聘者的行為細節。不注重細節的人，即便他很有專業能力，但他以後能給企業帶來價值也是很難說的事。不一定還會因一件小事讓公司大受損失呢！

二、凡事都認真用心

一個大學畢業生想到大都市闖出一番事業。但很不幸，一下火車他的錢包就被偷走，錢和身份證都沒了。在受凍挨餓了兩天後，他決定開始撿垃圾，雖然不時遭受他人的白眼，但至少能解決吃飯問題。

有一天，他正低頭撿垃圾時，忽然覺得背後有人注視自己。回頭一看，發現有個中年人站在他背後。中年人拿出一張名片：「這家公司有在缺人，你可以去試試看。」

那是一個很熱鬧的面試場面，五、六十個人同在一個大廳裡，其中很多人都西裝革履，他有點兒自慚形穢，當場就想離開，但難得的面試機會，最終還是讓他選擇繼續等下去。終於，換到他面試，當他一遞上名片，面試官就伸出手來說：「恭喜你，你已經被錄取了！這是我們總經理的名片，他曾吩咐，有個年輕人會拿著名片來應聘，只要他來了，就可直接成為我們公司的一員！」

就這樣，沒有經過任何面試，他進入了這家公司。後來，由於個人努力，他成為了副總經理。「你為什麼會選擇我？」閒聊時他都會問總經理這個問題。「因為我會看相，知道你是可塑之材。」每次，總經理都神秘兮兮地一笑。

又過了兩、三年，公司業務越做越大，總經理要去新城市進行投資。臨走時，將這個城市的所有業務都委託給了他。送行那天，他和總經理在貴賓候機室面對面坐著，總經理這時開口說：「你肯定一直都很想知道，我為什麼會選擇你。那次我偶然看見你在撿垃圾，就觀察了你很久，你每次都把有用的東西挑出來，將剩下的垃圾歸整好再放回垃圾桶。當時我想，如果一個人在這樣不利的環境下還能夠注意到這種細節，那麼無論他是什麼學歷、什麼背景，我都應該給他一個機會。而且，連這種小事都可以做到一絲不苟的人，不可能不成功。」

細節可以使人失去一份觸手可及的工作，也可以使人獲得一份連自己都不敢奢求的工作。記住，不要讓細節毀了你的前程。

三、養成注重細節的好習慣

香港金利來公司曾和一家報社聯合舉行一次活動，獎品是金利來領帶。活動結束後，負責發放禮品的一位報社記者把剩下的三條領帶交還給了金利來公司。這樣一件小事卻讓金利來公司的總裁曾憲梓感動不已。過了幾年，金利來公司全面進入大陸市場，準備再組建一個分公司。在招聘經理的時候，總裁先生首先想到了那位記者。

有位女大學生畢業後，應聘當上了美商電器公司銷售部總經理的秘書。她正式入職前，恰好公司負責分派報紙和接待的行政職員病倒了，人力資源部的負責人便暫時讓她做這位行政職員的工作——把公司訂閱的一大堆報紙，依各個部門訂閱的份數發下去。

她很快就把報紙分發完了，並把剩下的報紙直接往閱覽室裡一放了事。另一個任務就是為來訪的客人斟茶遞水，她總應付式地做著這些事。等了半個月，仍未見有調職的動靜，她有點急了，便跑去問人力資源部的負責人。

這位負責人有點無奈地說：「總經理說先讓妳把行政的工作做好再說。」原來，總經理每天都有到閱覽室讀報的習慣，卻發現每天的報紙都堆在一邊，沒人把它夾好上架，總經理就問這是誰負責的工作。得知詳情後，總經理說：「如果連這麼簡單的工作都做不好，怎麼可能做得好其他事呢？等她哪天把這行政的工作做好了，再來說做其他的工作。」

機會總是青睞有準備的人，而時時刻刻注重細節的好習慣就是很好的準備。

【智慧語錄】

在職場上，想要得到上司的喜愛，僅僅在原則性問題上不犯錯是不夠的，還需要在細節禮儀與忌諱事項上多下功夫。只有在各個方面都杜絕馬虎，做到認真仔細了，才能將事情做得更完善。

任何事都是做出來而不是喊出來的

完美的決策，不等於完美的落實，沒有完美的落實，就不會有完美的結果。

實踐是最直接的知識來源

凡事都不是喊出來的，而是做出來的。重點在於實踐，實踐才是最好的老師。不是所有的知識都來自於書本，實際的經驗對工作來說更有效，只有堅持不斷地學習才能解決工作中遇到的問題。即使你滿腹經綸，但不知道如何運用，就和無知的傻瓜沒有什麼分別。

生活中的許多知識來源於實踐，並被實踐所檢驗。

曾經有一個高級西餐連鎖店的經理，在看到藉由小火鍋創業成功的書後，覺得自己的西餐廳也可以兼營小火鍋，於是立即決定在現有的餐廳裡，設置小火鍋專區，他的決定遭到了很多人的反對，大家都認為這種照書本的方式來經營根本行不通。但是，他不聽任何人的建議，並且在短時間內於各報上都刊出了大幅的小火鍋廣告，還允諾推出期間特價優惠。而這個原定兩個星期的特價優惠，最後居然持續了半年。

因為，推出的第一天正好面臨換季時間，五月天氣溫漸漸往上升，許多人一進門看見是小火鍋轉身就出去了。接著梅雨到了，店裡的小火鍋一蒸，牆上的壁紙都裂開了。更嚴重的是有一家店曾出了大事，火鍋下面的小瓦斯爐先是點不著，點一、兩次，居然「轟」一聲，瓦斯爆炸了！經過滅火，西餐廳就像遭了水災，狼狽不堪，而原本蹲在那兒點火的店員也立刻進了醫院。不到半年，這高級西餐廳就變得不倫不類，老顧客不再上門，連少數幾位捧小火鍋場的顧客都不來了。

他思前想後，只好發佈新命令：「經測試，推出小火鍋的時機尚未成熟，下週起各店均撤銷小火鍋，並進行全面整修。」

其實，論學位，他是名牌大學畢業生；論資歷，國外的鍍金經歷足可以讓他勝任這項工作，可是在實踐中，他失敗了。究其原因，就是因為對於書本知識完全照做，而不能根據實際情況靈活變動。所以，書本知識學得好並不一定就有工作能力，學習書本知識的目的，最重要的是為了鍛煉思維方式，並在此基礎上創造新的解決問題方式。

多說，不如多做

成功的人絕對不會以平庸的表現自滿，而且他們不管做什麼事情，必然都會全力以赴。如果你是一個渴望得到重用的員工，如果你希望讓你的老闆覺得你是不可取代的，那你一定要從內心決定做第一。這樣你才會有信心，並且意識到要做到完美，你的個性也才會真正成熟起來。

在職場當中，如何才能切實的做好每一件事，保證每一件事情都能真正的落實，而不是嘴巴喊喊呢？

一、注重細節中蘊藏的商機

阿薩・坎德勒出生在佐治亞的醫生家庭，南北戰爭打破了他的學習生涯。十九歲的他在一家小藥店打工，做了兩年半後，他離開這個小地方，去到亞特蘭大。大城市是蘊育大成功的土壤，在跟別人打工七年之後，坎德勒開了一家藥材公司，透過幾年的經營，坎德勒發現，藥房的利潤主要不是來自配方，而是出售藥材，於是他開始著力建設自己的商品體系。就在這樣的商業背景下，可口可樂出現在他的面前。

一八八六年，彭伯頓發明可口可樂，並把它作為藥物來推廣，坎德勒因為車禍，故從小就有嚴重的偏頭痛問題，他的一個朋友建議他試試可口可樂，他照辦了，長久以來的頭痛狀況果然減輕。後來，他不斷飲用可口可樂，偏頭痛竟逐漸好轉，這使得身為藥劑師的坎德勒對可口可樂大感興趣。

經過調查，他發現彭伯頓並不善於經營，於是他決定入股，把貨中優良的「藥品」推廣開來，並且相信有利可圖。關鍵的一步是，坎德勒發現，把可口可樂作為飲料來賣，市場會大得多。就是這個微妙而偉大的靈感，才有了今天風靡世界的「可口可樂」。

有時候，發現一個機遇並不難，難的是及時地把握住，並且切實的行動起來。

二、竭盡全力把事做好

一個人無論從事何種職業，都應該全心全意、盡職盡責，這不僅是工作的原則，也是生活的原則。

有人問一家餐館老闆成功的秘訣。他說自己得益於在一家歐洲大飯店的廚房工作的經歷。在那裡，他瞭解到了成功的關鍵就是竭盡全力把一切做到最好，不管是複雜的主菜，還是簡單的附餐。

他說：「如果你做法式炸薯條，那就把它做成世界上最好的法式炸薯條。」對於這種竭盡全力的工作態度，能創造出最大價值的人，是能夠勇攀最高峰的人。全心全意做到最好，正是敬業精神的基礎。

不管做什麼事情，都要全力以赴。羅素•康威爾說：「成功的秘訣無他，不過是凡事都自我要求達到極致的表現而已。」

三、落實要到位

完美的決策，不等於完美的落實，沒有完美的落實，就不會有完美的結果。很多時候，我們有了好的決策，也去執行了，落實了，但結果卻不盡如人意，原因就在於，落實了卻沒有落實到位，執行了卻沒有執行徹底。

阿超是一個在校大學生，利用暑假時間在一家諮詢公司做兼職，從事市場調查員的工作。通過培訓，阿超熱情高漲地去進行市場調查了，但現實和他所預計的完全不一樣。人們並不願意接受他的調查，更不願意填寫調查表。很多時候剛剛敲開門，人家一聽是做市場調查的，就「砰」的一聲關上了門。一個上午，阿超僅僅完成了幾張調查表，距離公司的要求還差很多，怎麼辦？完成不了任務的話，沒有錢拿事小，被人笑話自己這個大學生還不如別人事大。於是，他想到了一個「高明」的辦法，找了個小冷飲店，自己開始「認真」地填寫調查表。到了最後交調查表的時候，阿超的調查表是數量最多、資料最完整的，長官還表揚他明天繼續努力。

但第二天公司長官找他談話了，原來公司有很完善的資料真實性檢驗模式，通過檢驗，公司已經發現了阿超的作假行為。公司的老總對阿超進行了批評教育，並讓他懂得了一個道理：「任何事情只有落實到位，才能真正出成效。」

只有有效地落實，才能真正把事情做好。只有完美地執行，才能把事情做到位、做徹底，才能有一個完美的結果。只有抓好落實，才能把科學決策變成實踐，才能把任務變成行動，才能把美好藍圖變成現實。

【智慧語錄】

生活中的每一件事都值得我們去做，即使那是一件最普通、最不起眼的小事。要知道所有的事情都是做出來的，而不是憑空喊出來的。一步一個腳印地向上攀登，才不會輕易跌落。

用扎實代替浮躁

不要放縱自己「粗心浮躁」和「不耐煩」的壞毛病，許自己一個美好的明天吧！

平心靜氣方能就大事

記得曾有人說：「浮躁是國人的致命傷。」一開始聽起來很不以為然，但靜下心來好好想一想，感覺頗有深意。

由於浮躁，一家企業賺了錢，同類企業便一哄而起。以錄放影機為例，從一九九五年到一九九八年，全國錄放影機生產企業由十多家發展到數百家，競爭到了白熱化，導致有的企業剛開張就開始準備「後事」。

浮躁使得企業前腳踩油門，後腳踩剎車，一哄而起，又一哄而散，產業震盪，落英繽紛。在這種環境中，有太多的人不屑一顧於小事和事情的細節，不願意扎扎實實做事，他們有偉大的理想，但又不願意踏踏實實去奮鬥，從而最終落到了失敗的田地。

世界上怕就怕「細心」二字。做事細心、嚴謹、有責任心、追求完美和精確，是細心；做人堅持走正道、不隨波逐流、不為蠅頭小利所惑也是細心；生活中重次序、講文明、遵紀守法，甚至起居有節、衣著整潔、舉止得體，也是細心的表現。

注重細節的人受人尊敬和信任，他們辦事效率亦高。即使是從效益上講，由於細心而減少了浪費、重複勞動、重做工等，無疑是給社會和自己增加了一筆巨大的財富。

無論做什麼事情都應該盡心盡力、一絲不苟。只有養成了一絲不苟的做人做事習慣，你才能有一個美好的明天。

冷靜處事，才能把事情做到位

每一天都要盡心盡力地工作，每一件小事情，都應力爭高效地完成。把工作做到位，不是為了看到老闆的笑臉，而是為了自身的不斷進步。即使是在同一個公司或同一個職位上機遇沒有光臨，但你在為機會來臨前時時準備的行動中，你的能力就已得到了拓展和加強。實際上，你已經為未來某一天創造出了另一個機遇。

那麼，如何才能拒絕浮躁，踏踏實實的處事呢？

一、腳踏實地，不可眼高手低

很多年輕人，當他們走出校園時，總是對自己抱有很高的期望，認為自己一開始工作就應該得到重用，就應該得到相當豐厚的報酬。他們在求職時念念不忘高位、高薪，並且對自己說「英雄須有用武之地」。他們喜歡在薪資上相互攀比，薪資似乎成了他們衡量事業的唯一標準。

而當他們對工作感到厭倦時，就會對自己說：「如此枯燥、單調且毫無前途的工作，根本不值得自己付出心血！」當他們遭遇困境時，通常會說：「這種平庸的工作，做得再好又有什麼意義呢？」漸漸地，他們開始輕視自己的工作，開始厭倦生活。

有人說「無知」與「眼高手低」是年輕人最容易犯的兩個錯誤，也是導致頻繁失敗的主要原因。許多人內心充滿了激情和理想，然而一旦面對平凡的生活和瑣碎的工作，就變得無可奈何了；他們常常聚在一起高談闊論，一旦面對具體問題就不知所措。事實上，剛剛踏入社會的年輕人缺乏工作經驗，是無法委以重任的，薪水自然也不可能很高。

年輕人心目中要有遠大的理想，但在實際生活中又必須腳踏實地，衡量自己的實力，不斷調整自己的方向，一步一步才能達到自己的目標。紙上談兵的人永遠無法取得成功。年輕人應該像哥倫布一樣，努力去發現自己的新大陸，沉溺於過去，或深陷於對未來的空想是沒有前途的。你正在從事的職業和手邊的工作，是你成功之花的土壤，只有將這些工作做得比別人更完美、更正確、更專注，才有可能將尋常變成非凡。

為什麼華盛頓、林肯這樣的偉人永遠只是少數，因為世界上有著成千上萬個和他們一樣富有理想的人，卻在眼高手低的毛病中把機會扼殺了。

有一位剛剛從美國讀完MBA回國的男青年，毫不費力地進了一家世界五百強企業的上海辦事處，老闆剛開始總把一些雞毛蒜皮的小事交給他做，他有點不滿意，在一次計畫書的招標會上，他把自己熬了幾夜精心準備的資料交了上去，一心以為可以博得老闆的賞識。沒想到會議結束後他就收到了人事處的解聘通知。原來，他因為做事不用心，把「進口」寫成了「出口」，使公司在利益和信譽上蒙受了雙重損失。

不要讓眼高手低束縛了你的手腳，在工作中，每一件事不論大小都值得用心去做，而且對於那些小事更應該如此。無論你的工作地位如何平庸，如果你能像那些偉大的藝術家投入其作品一樣投入你的工作，所有的疲勞和懈怠都會消失殆盡。那些在事業上取得一定成就的人，他們無一不在忠實地履行日常工作職責，在簡單的工作和低微的職位上一步一步走上來。他們總能在一些細小的事情中找到個人成長的支點，不斷調整自己的心態，用恆久的努力打破困境，走向卓越與偉大。

二、拒絕浮躁，把工作做到位

年輕人或多或少都有一些浮躁，這似乎是一個自然規律。然而，能否儘快學會擺脫浮躁、把工作做到位，就是決定一個人能否走向成功的關鍵因素。多年前，美國興起石油開採熱，有一個雄心勃勃的年輕人，也來到了採油區。剛開始時，他的本職工作是檢查石油罐蓋是否自動焊接完全，以確保石油被安全地儲存。每天，他都會上百次地監視機器的同一套動作，首先是石油罐通過輸送帶被移送至旋轉臺上，然後焊接劑自動滴下，沿著蓋子回轉一周，最後，油罐下線入庫。他的任務就是監控這道程序，從清晨到黃昏，檢查幾百罐石油，每天如此。應該說，這的確是一個非常簡單而又枯燥的工作。

對此，年輕人覺得非常不平衡，他覺得自己那麼有能力，怎麼會只做這樣的工作呢？於是便去找主管要求更換單位。沒料到，主管聽完他的話，只冷冷地回答了一句：

「你要麼好好做，要麼另謀出路。」

那一瞬間，年輕人漲紅了臉。回來以後，他突然覺悟到：「我沒有能力嗎？我為何不能就在這個平凡的崗位上把工作做到位，做得更好呢？」

工作了一段時間後，年輕人在機器上百次重複的動作中，注意到了一個非常有意思的細節。他發現罐子旋轉一次，焊接劑一定會滴落三十九滴，但卻總會有那麼一、兩滴沒被接到。他突然想到，如果能將焊接劑減少一、兩滴，這將會節省多少焊接劑？

於是，他經過一番研究，研製出了「三十七滴型」焊接機，但是用這種機器焊接的石油罐存在漏油的問題。不過他並不灰心，很快又研製出了「三十八滴型」焊接機，這次他的發明既解決了漏油的問題，同時每焊接一個石油罐蓋都會為公司節省一滴焊接劑。雖然節省的只是一滴焊接劑，但是正是這「一滴」焊接劑，給公司帶來了每年五億美元的新利潤。而這位年輕人，就是後來美國的石油大亨——約翰•洛克菲勒。

當小事情被明智而有遠見的人發現時，小事情的價值就可以充分地體現出來。無數事實證明，很多看似無關緊要的小事往往是成就驚天動地的大事之基礎。

三、注重細節，力戒浮躁

很多人也許都知道細節的重要性，但是卻不願意去注意細節，因為他們太習慣「高調」，只有低調者，才會安心、踏實地強調細節，因為他們已經切實認識到，「細節決定成敗」的重要性。

一位年輕人在岸邊釣魚，坐在他旁邊的是一個老人，也在守望著那根長長的釣竿。一段時間過去了，奇怪的是，老人時不時地就能釣到一條銀光閃閃的魚，可是年輕人的浮標卻「乏魚問津」。年輕人終於按捺不住，疑惑不解地問老人：「我們釣魚的地方相同，您也沒有用什麼特別的誘餌，為什麼我就毫無所獲，而魚兒卻只上您的鉤呢？」

老人微笑著說：「這就是你們年輕人的通病，心生浮躁，情緒不穩定，動不動就煩亂不安。而我釣魚的時候，常常達到了渾然忘我的地步，我只是靜靜地守候，不像你會時不時地動動魚竿，嘆息一、兩聲，我這邊的魚根本就感覺不到我的存在，所以牠們咬我的魚餌，而你的舉動和心態只會把魚嚇走，當然就釣不到魚了。」

釣魚這一件小事情卻蘊藏著深刻的哲理。有的時候，我們輸給對方的不是外在的條件，甚至我們擁有的條件更優越，我們之所以「略敗一籌」是因為沒有調整好心態、沒有控制好情緒，一切都流於浮躁。有著浮躁心態的人只希望事情能按照自己的預想進行，他們不能適應現實世界、不接受周圍的環境、不服氣最後的結果，因此他們也常常憂慮焦躁。

世事往往如此，你越是著急，事情就越是不成功。這不是冥冥中的什麼力量在操控一切，而是因為焦急和浮躁會讓你失去清醒的頭腦，使你無法冷靜地思考和決策。

凡是成就大事的人都會力戒「浮躁」，他們修身養性，善於控制自己的心緒；他們細心認真，注重細節的力量。無論是與採用哪種手段相比，這種穩健的心態更為重要，因為這是處理各種問題的前提所在，什麼樣的心態決定什麼樣的結果。

能否認真做事，不單是個行為習慣的問題，更反映著一個人的品行。「認真」與「仔細」是不可分的。很難想像一個整天只圖自己安逸和舒服，只想著走捷徑去發財的人，會不辭勞苦地、耐心地、認認真真地做好該做的事，而認真做事的前提就是認真做人。

【智慧語錄】

如果能夠收斂浮躁情緒，使它變成一種渴望，一種對成功的渴望，那麼這種浮躁就是有用的，而你也必定能帶著它走向成功。當你控制了浮躁，你才會吃得起成功路上的苦；才會有耐心與毅力一步一個腳印地向前邁進；才不會因為各種各樣的誘惑而迷失方向；才會制定一個接一個的小目標，然後一個接一個地達到它，最後走向大目標。

西方有句名言：「羅馬不是一天建成的。」說的就是做事一定要有堅韌的毅力，切忌浮躁。與其苦苦追求縹緲的影子，不如腳踏實地一步一步前行。財富的聚斂方法也是同樣的道理。

以理智折服衝動

「先處理心情，再處理事情」不僅重要，也是正確處理事情和危急情況的有效辦法。

以沉著代替魯莽

斯坦德是一位經理，某天一大早起床，發現上班時間快要來不及了，便急急忙忙的開車往公司衝去。一路上，為了趕時間，斯坦德連闖了幾個紅燈，終於在一個路口被員警攔了下來，給他開了罰單，這樣一來，上班鐵定遲到了。

到了辦公室之後，斯坦德猶如吃了火藥一般，看到桌上仍放著幾封昨天下班前便已交代秘書寄出去的信件，斯坦德更是生氣，把秘書叫了進來，劈頭就是一陣痛罵。

秘書被罵得心情惡劣之至，拿著未寄出的信件，走到總機小姐的座位又是一陣狠批，秘書責怪總機小姐，昨天沒有提醒她寄信。總機小姐被罵得莫名其妙，便找來公司內職位最低的清潔工借題發揮，對清潔工的工作沒頭沒腦的又是一串聲色俱厲的指責。

清潔工底下沒有人可以再罵下去，他只得憋著一肚子悶氣。下班回到家，清潔工見到讀小學的兒子趴在地上看電視，衣服、書包、零食丟得滿地都是，當下逮住機會，便把兒子好好地修理了一番。

被修理過後兒子電視也看不成了，憤憤地回到自己的臥房，見到家裡那隻大懶狗正盤踞在房門口，兒子一時怒由心生，狠狠的一腳把狗給踢得遠遠的。無辜遭殃的狗，心中百思不得其解：「我這又是招誰惹誰啦？」接著跑到外頭去躲起來。

這時，斯坦德正好從狗身邊走過，謹慎的狗為防止再被人踢，迅速抓了一下斯坦德就溜，可憐的斯坦德被狗抓破了腿。碰巧那隻狗體內藏有狂犬病毒，狗又經常用舌頭舔自己的前爪，病毒就到了前爪上。三個月後，斯坦德莫名其妙就得了狂犬病，他到死的時候也沒有想到，這一切悲劇都是他一人所引發的。

喜歡衝動的人，往往難以認清楚矛盾的根源，因此總是魯莽行事，從而往往導致嚴重而又讓人遺憾的後果。

學會控制自己的情緒

生活中我們常見到當事人因不能克制自己，而引發爭吵、打架，甚至流血衝突的情況；有時僅僅是因為你踩了我的腳，或一句話說得不當；在地鐵時爭搶座位，在公車上挨了一下擠，都可能成為引爆一場口舌大戰或拳腳演練的導火索；在社會治安案件中，相當多的案件都是由於當事人不能冷靜地處理事情而發生的。

那麼，在平常的生活和工作當中，我們如何才能用理智來折服衝動呢？

一、先處理心情，再處理事情

一般而言，人們處理事情的成熟程度與情緒化的程度成反比。擁有一個好心態，不但能防止我們因為情緒化而採取不理智的行動，而且還能使我們忙得更有成效。

有一位哲人曾經說過：「心若改變，你的態度跟著改變；態度改變，你的習慣跟著改變；習慣改變，你的性格跟著改變；性格改變，你的人生跟著改變。」

拿破崙在長期的軍旅生涯中養成了寬容他人的美德。作為全軍統帥，批評士兵的事經常發生，但每次他都不是盛氣凌人，他能很好地照顧士兵的情緒。士兵往往對他的批評欣然接受，而且充滿了對他的熱愛與感激之情，這大大增強了他所領軍隊的戰鬥力和凝聚力，成為歐洲大陸一支強勁軍隊。

在征服義大利的一次戰鬥中，士兵們都很辛苦。拿破崙夜間巡查崗哨。在巡哨過程中，他發現一名站哨士兵倚著大樹睡著了。他沒有喊醒士兵，而是拿起槍替他站起了哨，大約過了半小時，哨兵從沉睡中醒來，他認出了自己的最高統帥，十分惶恐。拿破崙卻不惱怒，他和藹地對他說：「朋友，這是你的槍，你們艱苦作戰，又走了那麼長的路，你打瞌睡是可以諒解的，但是目前，一時的疏忽就可能斷送全軍。我正好不睏，就替你站了一會兒，下次一定得小心。」

拿破崙沒有破口大罵、沒有大聲訓斥、沒有擺出元帥的架子，而是語重心長、和風細雨地指出士兵的錯誤。有這樣大度的元帥，士兵怎能不英勇作戰呢？如果拿破崙不寬容士兵，而是暴躁的大罵，不能夠很好的與那位士兵溝通，那只能增加士兵的反抗意識，並且也會喪失他本人在士兵中的威信，從而削弱軍隊的戰鬥力。拿破崙統兵數百萬，所到之處戰無不勝、攻無不克，但是他卻說：「我就是勝不過我的脾氣！」

是的，人往往勝不過自己的脾氣，遇事尤其遇到比較危急或不太如意的事情，就會情緒化，然後以一種消極的態度去處理，這樣很容易將事情搞砸，甚至鑽進牛角尖逼自己走上極端。

人們處理事情的成熟程度與情緒化的程度成反比，擁有一個好心態，不但能防止我們因為情緒化而採取不理智的行動，而且還能使我們忙得更有成效。

二、學會寬容，抑制自己的衝動

在現實生活中有許多事情，當你打算用忿恨去實現或解決時，你不妨用寬容去試一下，或許它能幫你實現目標、解決矛盾、化干戈為玉帛。生活中，不會寬容別人的人，是不配受到別人寬容的。但我們也不能一味地把退讓、遷就當作是一種寬容，當作是與人相處的最好方法。於是，我們就在現實生活中，處處退讓、遷就，把自己的地位與做人標準都放棄了，因而導致更大的錯誤發生，同時，我們也就失去了主宰自己的能力。這樣的寬容是對別人和自己最不負責的表現，也是一種心理上的犯罪。寬容是生活中的一門技巧，寬容一點兒，我們的生活或許會更加美好。

與同事相處時，不可能事事都一帆風順，不可能要每個人都對我們笑臉相迎。有時，我們也會受到他人的誤解，甚至嘲笑或輕蔑。這時，如果不能很好控制自己的情緒，就會造成人際關係的不和諧，給自己的生活和工作帶來麻煩。所以，學會面對那個易怒的自己，並有理性地控制自己，就非常有必要了。

那些允許其情緒控制自己行動的人都是弱者，真正的強者會迫使他的行動控制情緒。一個人受了嘲笑或輕蔑，不應該窘態畢露、無地自容。如果對方的嘲笑中確有其事，就直接勇敢地承認，這樣對你不僅沒有損害，反而大有裨益；如果對方只是橫加侮辱、盛氣淩人，且毫無事實根據，那麼這些對你也是毫無損失的，你盡可置之不理，這樣會益發顯現出你的大度。

有的人在與人合作中聽不得半點「逆耳之言」，只要別人的言辭稍有不恭，不是大發雷霆就是極力辯解，其實這樣做是不明智的。這不僅不能贏得他人的尊重，反而會讓人覺得你不易相處。

你的情緒若不正常，會直接影響到你的心態，也會影響到你的工作效率。試想，一個老闆，一大早走進公司就陰沉著臉，下屬看見了會做何感想，他會想老闆不是跟太太吵架了就是公司的事情有些不妙了。而如果你只是一個下屬，你恐怕更得學會控制你的情緒，因為沒有一個老闆希望自己下屬的情緒反覆無常、遇到事情不會控制自己。

況且，消極情緒對我們的健康十分有害，科學家們已經發現，經常發怒和充滿敵意的人很可能患有心臟病，哈佛大學曾調查了一千六百名心臟病患者，發現他們中經常焦慮、抑鬱和脾氣暴躁者比普通人高三倍。

因此，可以毫不誇張地說，學會控制你的情緒是你生活中一件生死攸關的大事。當你悶悶不樂或者憂心忡忡時，你所要做的第一步就是找出原因。

二十五歲的何文琳是一名廣告公司職員，她一向心平氣和，可有一陣子卻像換了一個人似的，對同事和丈夫都沒好臉色，後來她發現擾亂她心境的是——擔心自己在一次最重要的公司人事安排中可能失去職位。

當她瞭解到自己真正害怕的是什麼，她似乎就覺得輕鬆了許多。她說：「我將這些內心的焦慮用語言明確表達出來，便發現事情並沒有那麼糟糕。」找出問題的癥結後，何文琳便集中精力對付它。

「我開始充實自己，工作上也更加賣力。」結果，何文琳不僅消除了內心的焦慮，還由於工作出色而被委以更重要的職務。

可見，生活中的許多事不是像我們想的那麼糟糕，只要我們能很好地控制自己的情緒，許多事都可以從負向轉變成正向層面。我們要做的是成為情緒的主人，做一個更有思想、更理智的人。

三、友善比憤怒更有威力

有一則關於太陽和風的寓言。太陽和風在爭論誰更強而有力。風說：「我要證明我最厲害。看到那兒一個穿大衣的老頭嗎？我打賭我能比你更快地使他脫掉大衣。」

於是，太陽躲到雲後，風就開始吹起來了。風越吹越大，大到像一場颶風。但是，吹得越急，老人就越把大衣緊裹在身上。

終於，風平息下來。然後，太陽從雲後露面，開始以溫和的微笑照著老人。不久，老人開始擦汗，脫掉了大衣。這時，太陽對風說：「溫和與友善總是要比憤怒和暴力更強而有力。」

這段故事，就如同林肯曾說的：「一滴蜜比一加侖膽汁能捕到更多的蒼蠅。」

若把我們的人生歷程比作一條精美的項鍊的話，那麼，我們所走的每一步便是項鍊上的一顆珍珠。珍珠的美麗，需要我們用一個個的細節去修飾。所以，為人處世，想贏得別人的認同，就要以一種友善的方式對待別人，哪怕是一個小小的細節也不要忽視。

【智慧語錄】

如果你忍不住別人的刺激又快要如火山一樣爆發時，不妨試試已故美國總統傑弗遜所教的方法：「生氣的時候，開口前先數到十，如果非常憤怒，就數到一百。」

你敢打敗你自己嗎

不甘於平庸，那就突破自己、挑戰自己的極限，將每個人眼中「不可能」的事化為「可能」。

讓自己成為職場勇士

在現在的職場之中，很多人雖然頗有才學，具備各種獲得老闆賞識的能力，但是卻有個致命弱點：缺乏挑戰的勇氣，只願做職場中謹小慎微的「安全專家」，對不時出現的那些異常困難的任務，不敢主動發起「進攻」、一躲再躲，恨不能避到天涯海角。這種人認為，要想保住工作，就要保持熟悉的一切，對於那些頗有難度的事情，還是躲遠一些好，否則，就有可能被撞得頭破血流。

抱著這樣一種心態來工作的人，則是無法實現把工作做徹底的，那麼，他們也將無法享受到獲取最後成功時的樂趣。

西方有句名言：「一個人的思想決定一個人的命運。」不敢向高難度的工作挑戰，是對自己的潛能畫地為牢，只能使自己無限的潛能化為有限的成就，結果終其一生，也只能做一些平庸的事。與此同時，無知的認識會使你的天賦減弱，因為你同懦夫一樣的所作所為，不配擁有這樣的能力。而一個敢於向自己挑戰，並勇於打敗自己的人，則會不斷讓自己收穫到新的驚喜。

對於身在職場的每一個人來說都是這樣。敢於突破自己、打敗自己的人，是職場中的勇士，而職場勇士與職場懦夫在老闆心目中的地位，是有著有天壤之別的，根本無法並駕齊驅、相提並論。

一位老闆描述自己心目中的理想員工時說：「我們所急需的人才，是有奮鬥進取精神、敢於向『不可能完成的任務』挑戰的人。」具有諷刺意味的是，世界上到處都是謹小慎微、滿足現狀、懼怕未知與挑戰的人，而勇於向「不可能完成」的工作挑戰的員工，猶如稀有動物一樣，始終供不應求，是人才市場上的「搶手貨」。

你也許會用「說起來簡單做起來難」來反駁這些思想，但實際上很多看似「不可能」的工作，困難只是被人為地誇大了。當你冷靜分析、耐心梳理，把它「普通化」後，你常常可以想出很有條理的解決方案。

你就是自己的敵人

自己的成就要與自己比較，走自己的路，我們無須擔心被任何人超越，因為我們真正需要超越的是自己而不是別人，對任何人的超越其實都是通過超越自己來實現的。每天讓自己有一點點的進步，達成一個個的短程目標，使這些行動得以幫助中程與長程目標的實現。那麼，在工作中我們怎樣才能讓自己有所突破呢？

一、認識自己，相信自己

不認識自己是一切錯誤的開始，認識自己是一切工作的前提。無論是管理者還是普通員工都應該有自覺反省的意識。認識自己要主動、認識自己要講究方式方法、認識自己要全面且深入，進而提高自己的自省和學習意識，及培養發現問題、分析問題、解決問題、總結問題的能力。

你應該做一個簡單的人、做一個認識自己的人，而不要像蚍蜉撼大樹一樣，做一個不認識自己、也不願意認識自己的人。因為，不認識自己就會犯錯誤、走彎路，工作也會陷於被動，而善於找問題是一種工作方法，只有善於找問題才能認識自己、少走彎路，從而不斷進步。

一個不知道自己長什麼樣子的士兵，偶然進了一個裝有鏡子的房間，進門之後他看見從鏡子裡迎面走來一個相貌非常兇暴的人，士兵火了：「本人生平最恨不講禮貌的人，為什麼用手指頭指我？要跟我打架嗎？」他看到鏡子裡的人也和自己一樣的動作，氣得火冒三丈，一腳把鏡子踢碎了。才剛坐在椅子上，就看見側面鏡子裡又有一個人，他迎著那個人走過去說：「這屋子裡哪來這麼些壞人！本人是士兵，決不放過你！」說著，就把那面鏡子也砸碎了。

這時，一旁的鸚鵡笑著說：「士兵啊，你不曉得鏡子裡的那些人就是你自己呀！」

士兵自信地說：「你想欺騙我！我決不會受騙的。」說著便舉起椅子砸過去，鸚鵡飛開了，臨走時留給他一句話：「士兵啊！你太不認識自己，也太不願意認識自己了。」

認識自己的同時更要相信自己，要想從根本上克服「無知」的障礙，走出「不可能」這一自我否定的陰影，躋身老闆認可之列，你必須有充分的自信。相信自己，用信心支撐自己完成這個在別人眼中不可能完成的任務。

當然，在建立信心的同時，你也必須對這些被譽為「不可能完成」的工作任務有所瞭解，然後針對工作中的種種「不可能」，看看自己是否具有一定挑戰力，如果沒有，就先把自身的功夫練足、練硬。你我都必須知道，挑戰「不可能完成」的任務常有兩種結果——成功或失敗。而你的挑戰力往往使兩者只有一線之差，不可不慎。

二、敢於向新的高度挑戰

馬修和吉姆都是設計部的設計師，某天他們都接到了新的任務，分別是兩個著名企業的展位設計，兩個公司都對設計標準提出了比以往更高的要求，老闆把兩個專案分別交給了馬修和吉姆。

馬修接手之後，感到這確實是一個很有挑戰性的任務，不同以往，又沒有往例可以參考。但另一方面，他又從心裡感到高興，他認為這是一個很好的鍛煉機會，為了獲取新的靈感，他付出了大量的心血。最後，他從海洋世界的紀錄片中獲得了靈感，設計出來的展位美輪美奐，老闆和客戶都非常滿意。

而吉姆在看到客戶的要求時，不由得抱怨起來：「怎麼可能呢？怎麼可能達到這樣的要求，簡直就是個『不可能完成的任務』。」對於這個「不可能完成的任務」，吉姆覺得很煩惱。他想，反正交給誰做都是一樣做不出來。於是，他仍按照以往較低的標準設計了這個展位。客戶看到初稿之後，大失所望，並明確表示，他們會考慮轉換另一個設計公司，這樣的結果令吉姆更為沮喪。

在任何時代、任何時期，成功都只屬於擁有積極心態、敢於挑戰的人，也只屬於那些會說「我能夠」的人。恐懼往往會讓你固步自封，窩在自己的小城堡裡不去嘗試解決問題的各種方法，也不願去迎接工作中的種種挑戰，這樣就會使你失去創造性，結果只能一生甘於平庸、一事無成，因為你總認為「不可能」。

三、敢於超越自己

我們真正需要超越的是自己，對任何人的超越其實都是通過超越自己來實現的。一個人要穿過一片號稱「死亡之地」的沼澤地，因為沒有路，所以只能試探著不斷往前走。幸運的是，最近兩、三個月來這個地區乾燥少雨，沼澤地地表失去大量水分，所以變得比以往結實，這個人左探右試，一路小心翼翼，最終成功地走了出去。

幾天後，另有一個人也要穿過這片沼澤地，他看到前人的腳印，便想：「這一定是有人走過，沿著別人的腳印走一定不會有錯。」於是，他用腳試著踏去，果然實實在在，於是便沿著第一個人的腳印不斷往前走，沒走多久，他竟然一腳踏空沉入了泥沼。

為什麼沿著第一個人的腳印也會沉入泥沼呢？原來，第一個人穿過後沒兩天，這個地區雨水增多，使原來能承受一個人重量的地方變得比以往鬆軟了許多，陷下去也就在所難免。

兩個人沿著相同的路線穿越同一片沼澤地，為什麼結果迥異呢？第二個人的失敗，就在於他沒有注意到穿越沼澤地時的外部環境和條件已發生了變化。然而，在現實生活中，第二個人的問題也是我們多數人的問題，我們關注得最多的是別人成功的軌跡、人生和事業的節奏，卻往往忽略了其他人在走過不同階段時所處的環境和條件。別人的路線和節奏，我們可以模仿，但相應的環境和條件我們卻不能複製，所以機械地模仿別人往往都會以失敗告終。

我們每個人的人生和事業發展的節奏往往存在很大的差異。下面不妨來看看幾個大家耳熟能詳的公眾人物的人生和事業節奏。

比爾・蓋茲十八歲進入哈佛大學法律系學習，二十歲退學與另一個夥伴保羅・艾倫創辦微軟公司。經過三十年的發展，他不但讓微軟成為現今世界上最大的電子電腦軟體生產企業，而且他的私人財產也達到世界第一位，成為全球首富。

騰訊公司CEO馬化騰，在大學畢業工作五年後的一九九八年十一月，二十七歲的他與其他幾個創始人一起創辦了深圳市騰訊電腦系統有限公司。馬化騰在短短五年時間裡就成功地將騰訊從一個剛創立的小公司發展成為中國最主要的互聯網服務供應商之一。

同是創業，同是取得重大成就，但他們的起點、過程都截然不同。對於普通人而言，不同人的人生軌跡同樣也相差甚遠——小部分人在二十幾歲時就小有成就，而更多人的人生和事業則要等到三十幾歲才能步入快車道，還有一些人則可能要到四、五十歲才有比較大的起色……。然而，令人遺憾的是，現實生活中有不少人或許瞭解自己的優勢，或許知道善用自己的長處，但總是忍不住按照別人的腳步來衡量自己的速度，總是以別人的軌跡來衡量自己的方向，亦步亦趨，結果往往在盲目的對比參照中，在盲從於別人的步伐時打亂了自己的節奏，甚至迷失了方向和自我。

我們每個人都應該有自己的活法，因為彼此的起點不同、原始積累不同、可以使用的資源不同……這就註定我們必須要走自己的路。只要能盯住自己的目標，以實際行動讓今天的自己比昨天的自己有所進步，一天一點積累，我們的中期和長期目標就能在行動中通過一個個小小的短期目標得以實現。

【智慧語錄】

人生當中只有重新肯定自己，重新挖掘自己，才能夠給自己更多的機會，讓自己的潛力能夠像泉水一樣湧出來，成為人生的一次飛躍，給自己不斷的驚喜。

讓自己更專業一點

加強你的專業知識、進化你的專業技能，為自己的專業及職業感到驕傲吧！

對工作駕輕就熟，才夠稱為「專業」

何文麗向公司提出了辭職，這份工作是她已經做了五年的工作，可以說她對於這個工作早已經到了駕輕就熟的地步，但此時的她對於公司的待遇不大滿意，所以她決定到另一家各方面條件相對都更優越的企業謀職。

這天，何文麗來到了一家企業參加面試，由於這家企業是業內很有聲望的公司，所以要想如願以償地進來，至少要通過三層選拔，最後從第三輪面試中突破重圍者，才會被幸運錄用，且名額僅有一個。

第一輪，招聘方看求職者的文件資料，包括學歷、相關經驗以及工作成績等等有形的東西。第二輪和第三輪則採用靈活的主觀測試，以考察求職者的無形能力。

憑藉著扎實的功底、豐富的經驗，何文麗輕鬆地過了第一關，和另外十九名面試者同時進入下輪決戰。而第二回合什麼時候什麼地點進行，招聘方卻始終隻字未提，這使得每個面試者都很焦急地等待著通知。此時何文麗遇到了一件意外的事。

公司一個負責招聘的人向她走了過來，並給了她一千元，說是讓她去他們指定的商店購買一副專業用耳機，以備參加第二輪考試使用。然而，老道的何文麗一眼就發現這張千元大鈔是假的，出於職業的敏感性習慣，何文麗當即指了出來，並予以拒收。招聘人員看見何文麗嚴肅的樣子，諱莫如深地笑了笑沒再說什麼，接著轉身離去。

幾天後，主考官打來電話，讓何文麗去公司參加最後面試。此時的何文麗才想起那次「假鈔事件」竟是公司的蓄意安排。令她萬萬沒有想到的是就是這小小一著棋，竟然刷掉了十四個人。他們有的人沒有發現是假鈔，或發現得太晚，公司方面不甚滿意，因此他就這樣戲劇性地進入了第三回合，此時何文麗還真有點兒後怕，擔心還有什麼「陷阱」在等著她。

接到最後面試的通知後，何文麗異常緊張。她忐忑不安地進了面試間，坐到主考官面前，大腦高速旋轉，隨時待命。終於，主考官提問了，他說：「你以前是做出納的對吧，那麼請你說說這幾張不同面值的鈔票背面各是什麼圖案？」這個問題出乎意料！或者應該說很簡單，但平時極容易忽略掉的地方。而何文麗是個十分細心的人，在跟錢打了五年的交道以後，使得她都已經瞭若指掌了，這些問題對於她來說並不是問題，於是，她充滿信心地回答出正確答案。

「很好，完全正確，面試結束，請回去等我們的通知。」主考官滿臉讚賞地對她說。

很快結果就出來了，沒有多大意外，何文麗被錄用了。令她感到驚訝的是，一同參加面試的六人中，竟只有她一人答對了全部鈔票後的風景名稱。主考官說：「對於會計職業而言，細心就是最好的能力。」

讓自己的專業「精上加精」

技術半生不熟的水泥工和木匠，將磚石和木料拼湊在一起來建造房屋，在這些房屋尚未售出之前，有些卻已經在暴風雨中坍塌了；術業不精的實習醫生不願花更多的時間學好技術，結果做起手術來笨手笨腳，讓病人冒著極大的生命危險；律師在讀書時不注意能力的培養，辦起案件來捉襟見肘，讓當事人白白花費金錢，這些都是缺乏敬業精神的表現。我們要如何才能讓自己更加精通，更加地專業一些呢？

一、不要輕視自己的工作

工作本身並沒有貴賤之分，一切誠實合法的工作都值得我們尊重。任何人都不應該貶低自己的工作價值，都應該充滿熱情認真對待。

一個長期認為自己工作重要的人，能接收到一種心理訊號，告知他如何把工作做得更好。一件做得更好的工作意味著更多的升遷機會、更多的金錢、更多的權益，以及更多的快樂。尊重工作就是尊重自己。以人為本，尊重自己和每一個人，這樣人們才能意識到工作對個人意味著什麼。

著名的管理諮詢專家——蒙迪・斯泰爾，他在為《洛杉磯時報》所撰寫的專欄中曾經說道：「每個人都被賦予了工作的權利，一個人對待工作的態度決定了這個人對待生命的態度，工作是人的天職，是人類共同擁有和崇尚的一種精神。當我們把工作當成一項使命時，就能從中學到更多的知識、積累更多的經驗，就能從全身心投入工作的過程中找到快樂，實現人生的價值。這種工作態度或許不會有立竿見影的效果，但可以肯定的是，當他把輕視工作變為一種習慣時，其結果可想而知。工作上的日漸平庸雖然表面看起來只是損失了一些金錢或時間，但是對你的人生將留下無法挽回的遺憾。」

如果一個人輕視自己的工作，將它當成低賤的事情，那麼他絕不會尊重自己，因為看不起自己的工作，所以倍感工作艱辛、煩悶，自然也不會做好工作。

在我們的身邊，有許多人不尊重自己的工作，不把工作看成是創造一番事業的必由之路和發展人格的助力，而將它視為衣食住行的供給工具，認為工作是生活的代價，是無可奈何、不可避免的勞碌。這是多麼錯誤的觀念！

二、做一行、愛一行、精一行

技能都是練出來的，要專精某一項技能，就要有不能懈怠的情緒。勇於挑戰高難度工作，這樣的員工是最受企業歡迎的人，而能夠正確面對壓力，透過積極的努力，化壓力為動力，最終出色完成任務的員工，將會在同事中脫穎而出，得到企業和社會的高度認可。

芝加哥煤炭集團公司的馬里哈，是一名有二十多年工齡的普通而又不平凡的員工，從燒鍋爐到司爐長、班長、大班長，至今他仍深情地愛著陪伴他成長並成熟的鍋爐運行崗位。就是在這個崗位上他當上了鍋爐技師，成為美國遠近馳名的「鍋爐點火大王」和「鍋爐找漏高手」，就是這個崗位，讓他感受到了一名工人技師的榮耀和自豪。

馬里哈有一副聽漏的「神耳」，只要圍著鍋爐轉上一圈，就能從爐內的風聲、水聲、燃燒聲和其他聲音中，準確地聽出是鍋爐哪個部位的管子有洩漏聲。除了找漏，馬里哈還練就了一手鍋爐點火、鍋爐燃燒調整的絕活。在用火、壓火、配風、啟停等多方面，他都有獨到的見解。鍋爐飛灰復燃不暢，他提出技術改造和加強投資運營管理建議，實施後使飛灰含碳量平均降低到百分之八以下，鍋爐熱效率提高了百分之四，為企業每年節省約三十二萬美元。

由於他對集團公司做出了非凡的貢獻，他的薪水也一年比一年高漲，現在是他同行的十倍以上。

三、專注才能更專業

一個不能專注目標的人，註定將是一個失敗的人。試想有這樣一個人，他只有一種技能，但是他把自己所有的力量都集中於一個毫不動搖的目標之上；而另外一個人，他很有頭腦，但把他的精力分散開來。我們可以這樣斷言：前者將會取得更多的成就。因為沒有任何東西可以代替一個專注的目標，教育不能、天分不能、才智不能、勤奮不能、意志的力量也不能。

美國著名半導體公司德州儀器公司的口號是：「擁有兩個以上的目標就等於沒有目標。」應該說，這句話不僅適用於公司經營，而且對個人工作也很有指導意義。

「年輕人事業失敗的一個根本原因，就是因為精力太分散。」這是戴爾•卡內基在分析了眾多人事業失敗的案例後得出的結論。事實的確如此，許多失敗者幾乎都在好幾個行業中艱苦地奮鬥過。然而，如果他們的努力能集中在一個方向上，把該做的工作做到位，那麼就足以使他們獲得巨大的成功。

在專業化程度越來越高的現代社會，工作對個人的知識和經驗不斷提出了更高、更廣、更深的要求。一個做事總是搖擺不定、變來變去的人，只會將自己長時間積累的經驗和資源都捨棄掉，而無法強化自己的專業知識，無法形成自己的核心競爭力，最終也就無法超越他人。這樣的人在事業上是很難站穩腳跟的。

四、擁有不折不扣的職業精神

職業精神體現在日常的工作中：有人在雨天對公車停車的方式作過觀察，在一個路邊有寬三公尺積水的公車站，有八名司機把車停在距離候車乘客近二公尺左右的地方，這個位置，乘客必需要涉水上車；有四名司機快速駕車駛進月臺，用濺起的泥水與乘客「打招呼」；只有兩名司機將車停在乘客抬腳即可登車的地方。

停在標準的位置，讓乘客安全、方便地登車，這一點在技術上對哪個專業司機都不成問題，但因為職業精神上的差距，標準化操作水準的不同，為乘客著想的服務態度之差別，工作的結果就完全不同。

良好的職業道德、專業的職業精神，是作為一名員工最起碼的要求。如果你能夠把這種精神更好地加以發揚，把你的工作做的更到位一些，那麼，你就會成為一名優秀的員工，你離成功也就不遠了。

你不能控制所在公司會做出什麼樣的決定，但你至少可以控制住自己的工作品質，卓越的專業精神永遠都是最好的工作保障，你也許決定不了會不會失去工作，但你可以掌握你的職業。

【智慧語錄】

要想在自己所從事的領域裡闖出一番天地，那麼就應該精通它。讓這句話成為你的座右銘吧！

下決心掌握自己職業領域的所有問題，使自己變得比他人更精通。如果你是工作方面的行家老手，精通自己的全部業務，就能贏得良好的聲譽，也就擁有了一種潛在成功的秘密武器。

用百分之百的熱情做百分之一的事情

拿出百分之百的熱情來做百分之一的事情，而不去計較它是多麼的「微不足道」，你就會發現，原來每天平凡的生活竟是如此的充實、美好。

對你的工作充滿熱情

比爾是一名哈佛大學的畢業生。有一次，他的朋友問他怎樣看待自己所從事的圖書管理員的工作，他自豪地回答道：「我現在完全陶醉於我的工作中，我簡直不能自拔。每天早晨，我都十分渴望能夠儘快地投入到自己的任務中，而當晚上放下工作時，我會感到十分可惜。」

一個對自己的工作如此熱愛的年輕人，他的未來根本無須擔心。阿爾伯特・哈伯德說：「一個人，如果他除了能夠出色地完成自己的工作外，還能夠借助於極大的熱情、耐心和毅力，將自己的個性融入到工作中，令自己的工作變得獨具特色，帶有強烈的個人色彩並令人難以忘懷，那麼這個人就是一個真正的藝術家。而這一點，可以用於人類為之努力的每一個領域，例如經營旅館、銀行、工廠或寫作、演講、做模特兒等等。」

極其出色地完成自己的工作，能否真的讓一個人成為藝術家或者天才，這個問題暫且不論，但是有一點卻是千真萬確的：一個人盡其所能、精益求精地完成自己的工作，這種覺悟所帶來的內心的滿足感是無與倫比的。

熱情是一種難能可貴的品質，正如拿破崙・希爾所說：「要想獲得這個世界上最大的獎賞，你必須像最偉大的開拓者一樣，將所擁有的夢想轉化成為實現夢想而獻身的熱情，以此來發展和銷售自己的才能。」

用熱情創造奇蹟

歷史上許多巨變和奇蹟，不論是社會、經濟、哲學還是藝術，都因為參與者百分之百的熱情才得以進行。拿破崙發動一場戰役只需要兩週的準備時間，換成別人則需要一年，之所以會有這麼大的差別，正是因為他對在戰場取勝擁有無與倫比的熱情。

那麼，在工作和生活當中，我們如何用自己的熱情去做好手中的每一件事情呢？

一、微不足道的小事也需要熱情

偉大人物對使命的熱情可以譜寫歷史，普通員工對工作的熱情則可以改變自己的人生。著名人壽保險推銷員貝特格正是憑藉著自己對工作的高度熱情，創造了一個又一個的奇蹟。

貝特格原為職業棒球運動員，當他加入職棒界不久，便遭到有生以來最大的打擊，他被約翰斯頓球隊開除了。他的動作無力，因此球隊的經理有意要他走人，經理對他說：「你這樣慢吞吞的，根本不適合在球場上打球，就算你離開這裡，無論到哪裡做任何事，若不提起精神來，你將永遠不會有出路。」

貝特格離開球隊後，因為沒有其他出路，因此去了賓州的一個叫賈斯特的球隊，從此他參加的是大西洋聯賽，一個級別很低的球賽。和約翰斯頓隊一百七十五美元相比，每個月只有二十五美元的薪水更讓他無法找到激情。但他想：「我必須激情四射，因為我要活命。」

在貝特格來到賈斯特球隊的第三天，他認識了一個叫丹尼的老球員，他勸貝特格不要參加這麼低級別的聯賽，貝特格很沮喪地說：「在我還沒有找到更好的工作之前，我什麼都願意做。」

一個星期後，在丹尼的引薦下，貝特格順利加入了康州的紐黑文球隊。這個球隊沒有人認識他，更沒有人責備他。在那一刻，他在心底暗暗發誓，我要成為整個球隊最具活力、最有激情的球員。這一天成為他生命裡最深刻的烙印。

至此往後的每天，貝特格就像一個不知疲倦和勞頓的鐵人奔跑在球場，球技也提高得很快，尤其是投球，不但迅速而且非常有力，有時居然能震落接球隊友的護手套。

在一次聯賽中，貝特格的球隊遭遇實力強勁的對手。那一天的氣溫達到了攝氏近三十八度，身邊像有一團火在炙烤，這樣的情況極易使人中暑暈倒，但他並沒有因此退卻。在快要結束比賽的最後幾分鐘裡，由於對手接球失誤，貝特格抓住這個千載難逢的機會迅速攻向對方主壘，從而贏得了決定勝負的至關重要的一分。

發瘋似的激情讓貝特格有如神助，它至少起到了三種效果。第一，他忘記了恐懼和緊張，擲球速度比賽前預計的還要出色；第二，他「瘋狂」般的奔跑感染了其他隊友，他們也變得活力四射，他們首先在氣勢上壓制了對手；第三，在悶熱的天氣裡比賽，貝特格的感覺出奇的好，這在以前是從來沒有過的。

從此，貝特格每月的薪水漲到了一百八十五美元，和在賈斯特球隊每月二十五美元相比，他的薪水在十天的時間裡猛增了百分之七百！這讓他一度產生不真實的感覺，他簡直不知道還有什麼能讓自己的薪水漲得這麼快，當然除了「激情」外。

二、在工作當中傾注熱忱

其實，許多人在工作上之所以不太順利甚至失敗，主要是沒有將自己的熱忱釋放出來。因此，就算工作不如人意，你也不要愁眉不展，反而要學會掌控自己的情緒，激發自己的熱忱，讓一切都變得積極起來。現在開始發掘你的熱情吧！其實這並不是一件很難做的事，關鍵是你要行動。

既然要在工作中傾注熱忱，使工作成為有趣的事情，就要從小事開始做起。凡事比別人先行一步，徹底改掉總跟在別人後面、做事總比別人慢一拍的壞習慣。

積極主動地做事，以積極的態度全面想想自己工作的好處，堅信自己從事的事業，發掘那些積極的方面，就會促使自己行動起來。這有助於點燃你內心的熱忱之火，熱忱的火焰一旦點燃，你下一步該做的就是不斷加柴，保持火苗越來越旺。

有一家公司的秘書，她的工作就是整理、撰寫、列印一些材料。很多人都認為她的工作單調而乏味，但這位秘書卻覺得自己的工作很好，並認為「檢驗工作的唯一標準，就是你做得好不好，不是別的」。

這位秘書整天做著這些工作，做久了她發現公司的文件中存在著很多問題，甚至公司的一些經營運作方面也存在著問題。於是，秘書除了每天必做的工作之外，她還細心地搜集一些資料，甚至是過期的資料。她把這些資料整理分類，然後進行分析，寫出建議。為此，她還查詢了很多有關經營方面的書籍。

最後，這位秘書把列印好的分析結果和有關證明資料一併交給了老闆。老闆起初並沒有在意，一次偶然的機會，老闆讀到了秘書的這份建議資料，老闆讀完後非常吃驚，這個年輕的秘書竟然有這樣縝密的心思，而且她的分析井井有條，細緻入微。

後來，老闆採納了很多條這位秘書的建議，同時感到欣慰，他覺得有這樣的員工是他的驕傲。當然，秘書也被老闆委以重任。這位秘書覺得沒必要這樣，因為她覺得她只比正常的工作多做了一點點，但是老闆卻覺得她為公司做了很多很多。秘書只是多做了一點點的努力，但這一點點，可不是每個人都能做到的。

三、激情是成功的因素

成功總是屬於那些充滿激情的人，即使在平凡的、每況愈下的、受挫的環境中，成功者總是充滿激情，盡力把事情做到最好，做到更好，並迸發出令人驚嘆的意志、才能和潛力。

工作離不開激情，對工作充滿激情的人是企業最欣賞的人。具有激情的員工能夠感染別人的情緒，使事情向良好的方向發展。企業欣賞有激情的員工，有工作激情的人最容易把工作做好，最容易得到提拔和重用，激情是競爭力的源泉。

每個人都有自己的崗位，每個崗位都有它存在的意義。在自己的崗位上兢兢業業，把工作做好，才能發揮出自己應有的特長與潛力。

傑克是公司的一名低階職員，他的外號叫「奔跑的鴨子」，因為他總像一隻笨拙的鴨子一樣在辦公室奔來奔去，即使是職位比傑克還低的人，都可以支使傑克去辦事。

後來傑克被調入了銷售部。有一次，公司下達了一項任務：必須在本年度完成五百萬美元的銷售額。銷售部經理認為這個目標是不可能實現的，私底下他開始怨天尤人，並認為老闆對他太苛刻，此時只有傑克一個人在拼命地工作，到離年終還有一個月的時候，傑克已經全部完成了他自己的銷售額，但是其他人沒有傑克做得好，他們只完成了總目標的五成。

之後，經理主動提出了辭職，傑克被任命為新的銷售部經理。「奔跑的鴨子」傑克在上任後的一個月裡，投入忘我地工作，他的行為感動了其他人，在年底的最後一天，他們竟然完成了剩下的五成業績。

不久，公司被另一家公司收購。當新公司的董事長第一天來上班時，他親自點名並任命傑克為這家公司的總經理。因為在雙方商談收購的過程中，這位董事長多次光臨公司，這位「奔跑」的傑克先生給他留下了深刻的印象。

「如果你能讓自己跑起來，總有一天你會學會飛翔。」這是傑克傳授給他下屬的一句座右銘。良好的精神面貌如同一塊有力的磁石，會像鮮花吸引蝴蝶一樣，把他人吸引到自己身邊來。

在工作中，我們不管做什麼事，不管從事什麼行業，不管遇到什麼困難，都要對自己所從事的工作充滿激情，透過不斷地學習與創新，力爭做得更好。工作中會遇到很多困難與問題，如果沒有一種對工作的熱愛，我們不可能想盡辦法去挑戰困難，攻破難題，就會敷衍了事，甚至不了了之。

【智慧語錄】

你把工作當做一項事業來做，把自己的職業生涯與工作聯繫起來，你就會覺得自己所從事的是一份有價值、有意義的工作，並且可以從中感覺到使命感和成就感，從而徹底改變渾渾噩噩的工作態度。

用心才能見微知著

掌握每一個細節的表現，從徵兆中發現可能的未來趨勢，替自己獲得最大的好處。

小動作也是細節的一部分

某家汽車生產公司的總工程師高橋，受命與銷售高級轎車的公司談合作，為他們提供轎車及零件。如果談得順利，高橋的公司將獲得巨大的經濟效益。高橋只有四十多歲，卻已是知名的汽車專家，對方廠商顯得很慎重，派出同樣年輕有為、處事謹慎的副總裁兼技術部課長百惠女士前來迎接。豪華氣派的迎賓車就停在機場的大廳外，高橋辦完通關手續走出大廳，來到舉著歡迎他的小牌子的人面前，與百惠一行人見面。賓主寒喧幾句後，百惠親自為高橋打開車門，示意請他入座。

高橋剛一落座，便隨手「砰」地關上車門，聲音極響，百惠甚至看見整個車身都微微顫了一下，她心想：「是旅途的勞累使他情緒不佳，還是繁複的通關手續讓他心煩？他可是本公司的貴客，得更加小心周到地接待才行。」

一路上，百惠一行人顯得十分熱情友好，甚至到了殷勤的程度。迎賓車停在公司大廈前的停車場裡，百惠快速下車，小跑著繞過車後要為高橋開車門。但高橋此時卻已打開車門下車，又隨手「砰」地關上車門。這一次，比在機場上車時關得還要響、還要用力，百惠又愣了一下。

廠商對安排洽談前的考察十分慎重，株式會社董事長兼總裁鈴木先生還親自接見，令高橋感到非常受重視。會談安排在第三天，在接下來的兩天裡，百惠極盡地主之誼，全程陪同高橋遊覽東京的名勝古蹟和繁華街景，並帶他參觀公司的生產基地，一路上高橋都顯得興致很高，可載他回到下榻飯店，當關上車門時他又是重重地「砰」一聲。

百惠不禁皺了一下眉，沉吟了片刻，她終於邊向高橋鞠躬，邊小心地問道：「高橋先生，如果我們有招待不周或安排不當的部份，還請您多多包涵。」高橋顯然沒什麼不滿意，說：「百惠女士把什麼都考慮得非常周到細緻，謝謝。」說這話時，高橋是滿臉的真誠，百惠卻顯得若有所思。

第三天到了，接高橋的車停在公司大樓前，他下車後，又是一個重重的「砰」。百惠暗暗地咬了咬牙，暗中向手下的人吩咐幾句後，丟下高橋，徑直向董事長辦公室走去。高橋正感到有些莫名其妙，百惠的下屬客氣地將他帶到了休息室，說：「百惠課長說是有緊急事要與董事長談，請高橋先生稍等片刻。」

董事長辦公室裡，百惠語氣嚴肅地對鈴木先生說：「董事長先生，我建議取消與這家公司的合作談判！或者，至少要把合作時間往後延遲。」鈴木不解地問：「為什麼？約定談合作的時間就要到了，這樣隨意取消，沒有誠信吧？再說，我們也沒有延後或取消談判的理由啊。」百惠堅決地說：「我對這家公司缺乏信心，看來我們公司前不久對該公司的考察不夠嚴謹。」

鈴木先生很賞識百惠這個精幹務實的年輕人，聽她這麼說，便問：「何以見得？」百惠說：「這幾天我一直陪著這位總工程師。我發現他多次重重地關上車門，開始我還以為是他在發什麼脾氣呢，後來才發現，這是他的習慣，這說明他關車門一向是如此。他是這家知名汽車公司的高層人員，平時坐的肯定是他們公司生產的好車。他重重關上車門習慣的養成，一定是因為他們生產的轎車車門用上品質不佳的零件，導致車門不容易關牢。好車如此，一般的車輛就可想而知了……我們把轎車零件給他們生產，成本也許會降低很多，但這不等於在砸我們自己的牌子嗎？請董事長三思。」

一個關車門的動作，可謂微不足道，相信無論是在生活中還是工作中都不會有人注意它，但恰恰是這種別人眼裡的「微不足道」被百惠抓到了，並透過進一步的細緻分析，揭出了這一習慣性動作背後可能隱藏的深層問題，從而幫助公司避免了可能遭遇的重大損失。但同時，在生活或是工作當中，許多人也都是因為疏忽一些細小的事情而導致最後的失敗。

你細心觀察過周遭的小事嗎？

約翰・洛克菲勒曾說：「當聽到大家誇讚一位年輕人前途無量時，我總要問：『他努力工作了嗎？認真對待工作中的小事了嗎？他從工作細節中學到東西了沒有？』」

一個人，即便有再高的學歷，但如果對待工作不認真，不將敏捷的判斷力、準確的邏輯推理能力、豐富的專業知識和工作中的具體細節聯繫起來，最終也將一事無成。

那麼，在平時的生活和工作當中，我們應該怎樣做，才能見微知著呢？

一、在細微處下功夫

一家著名國際貿易公司高薪招聘業務人員。在眾多的應聘者中，有一位年輕人條件相對優秀，不僅畢業於知名大學，而且又有三年在外貿公司工作的經驗。因此，當他面對主考官的時候顯得非常自信。

「你原來在外貿公司做什麼工作？」主考官問道。

「做花椒貿易。」

「以前花椒的銷路非常好，可是最近幾年國外客商卻不要了，你知道為什麼嗎？」

「因為花椒品質不好。」

「你知道為什麼不好嗎？」

年輕人想了想，說道：「一定是農民在採集花椒的時候不夠細心！」

主考官看了看他，說：「你錯了。我去過花椒產地，採集花椒的最佳時間只有一個月。太早了，花椒還沒有成熟；太晚了，花椒在樹上就已經爆裂了。花椒採好後，要在太陽下暴曬一整天，如果曬不好，就不能稱之為上等品。近幾年來，許多農民圖省事，把採集好的花椒放在熱炕上烘乾。這樣烘出來的花椒雖然從顏色上看起來和曬過的花椒差不多，但是味道就相差很遠了。」

「一個好的業務員要重視工作中的各個細節。」主考官說。

初出茅廬的年輕人，一定要注意本行業的門道，而且還要研究得十分透徹。在這一方面，千萬不能疏忽大意、不求甚解。有些事情看起來微不足道，但也要仔細觀察；有些事情雖然有艱難險阻，但也要努力去探究清楚。如能做到這一點，你就能清除事業發展道路中的一切障礙。

二、認真對待每一環節

認真是一種功夫，這種功夫是靠日積月累培養出來的。人的行為有百分之九十五都是受習慣影響，只有在習慣中積累功夫、培養素質，你才能時時處處認真到位。

一個年輕人到某公司應聘臨時職員，工作任務是為這家公司採購物品。招聘者經一番測試後，留下了這個年輕人和另外兩名優勝者，隨後面試官提了幾個問題，每個人的回答都各具特色，面試官很滿意。

面試的最後一關是筆試，題目為：假定公司派你到某工廠採購二千支鉛筆，成本一支二元，你需要從公司帶去多少錢？幾分鐘後，應試者都交了答案卷。

第一位應聘者的答案是五千元。面試官問他是怎麼計算的。他說：「二千支鉛筆要四千元，其他雜費就算一千元吧！」面試官未置可否。

第二位應聘者的答案是四千五百元。對此他解釋道：「二千支鉛筆要四千元，其他雜費可能需要五百元左右。」面試官同樣沒表態。

最後輪到這位年輕人，面試官見他的答卷上寫的是四千三百四十元，不禁有些驚奇，立即讓他解釋一下答案。

這位年輕人說：「二千支鉛筆要四千元，從公司到工廠距離二公里，搭計程車來回車資一百五十元，午餐費一百二十元，貨運費需要八十元，因此，總費用為四千三百五十元。」面試官聽完，露出會心的一笑，這名年輕人自然被錄用了。

尾數看起來雖毫不起眼，其實，它能夠說明你的認真程度和處世哲學。注重尾數的人往往工作嚴謹，老闆自然會放心地把一些重要的事情交給他去辦。相反，那些忽略尾數的人，常常給人留下隨便、馬虎的印象，自然很難得到信任。

三、虔誠地對待工作

作為著名的基督教新教「路德宗」的創始人，對於工作這件事，馬丁•路德給德國人帶來了一個新的概念，那就是「天職」。在德語的 Berufi，以及英語的 calling 一詞中，包含的是宗教的概念：上帝安排的任務。

也就是說，對於一個教徒來說，他做一樣工作，生產一件產品，並不是為了工資、為了謀生而做，而是為了完成上帝安排的任務。可以想像，這與大多數只為謀生而工作的員工相比，在工作態度的嚴謹與認真上會有多大的不同，製造出來的產品在品質上又會有多大的不同，可以說，這是造就德國民族偉大聲譽最寶貴的精神資源之一。

事實上，馬丁・路德的職業思想引出了所有新教教派的核心教義：上帝應許的唯一生存方式，不是要人們以苦修的禁欲主義超越世俗道德，而是要人完成自己在現世裡所處地位賦予他的責任和義務，這是他的天職。

從這之後，「履行世俗義務是上帝應許的唯一生存方式」的論述被保留下來，並且越來越受到高度的重視。馬丁・路德進而提出，在各行各業裡，人們都可以得救。既然短暫的人生只是朝聖的旅途，那麼，沒有必要注重職業的形式，這便為「所有的職業都是平等的」這一觀念的形成和深化提供了基礎。

【智慧語錄】

工作時敷衍了事雖然可獲得暫時的安逸，但到頭來損失最大的還是自己。老闆或許並不瞭解每個員工的表現或熟知每一份工作的細節，但是每位聰明的員工都應該清楚，掌握工作的每一個細節、把工作做到位，最終能給自己和公司帶來巨大的好處。

遵紀守章一絲不苟

培養良好的職業習慣與道德、遵守公司的規章制度，讓自己成為公司的模範員工。

「有序」vs「無序」

「沒有規矩，不成方圓」，這句古語精確地說明了秩序的重要性。我們都知道，缺乏明確的規章、制度、流程，工作中就非常容易產生混亂，如果有令不行、有章不循，按個人意願行事造成的無序浪費，更是非常糟糕的事。

下面是企業中經常碰到的幾種無序、混亂的情況：

一、職責不清造成的無序

在很多企業中，經常會遇到由於制度、管理安排不合理等方面的原因，造成某項工作好像兩個部門都管，其實誰都沒有真正負責，兩個部門對工作卻是糾纏不休，使原來的有序反而變成無序，造成極大浪費。

二、業務能力低下造成的無序

素質低下、能力不能滿足工作需要，也會造成工作上的無序。一種情況是應該承擔某項工作的部門和人員，因能力不夠而導致工作混亂無序；另一種情況是當出現部門和人員變更時工作交接不力，原來形成的工作流程經常被推翻，無形增加了從「無序」恢復到「有序」的時間。

三、業務流程的無序

由於大多數企業採用較多的是縱向的部門管理，對橫向的業務流程則是嚴重切割。各部門通常以自己的部門為思考中心，而較少以工作為中心；不是部門支援流程，而是要求流程圍繞部門轉，從而導致流程的混亂，工作無法順利完成，需要反覆協調，加大管理成本。

四、協調不力造成的無序

某些工作應由哪個部門負責沒有明確界定，處於部門間的斷層，相互間的工作缺乏協作精神和交流意識，彼此都在觀望，認為應該由對方部門負責，結果工作沒人管，原來的小問題也被拖成了大問題。

五、有章不循造成的無序

隨心所欲，把公司的規章制度當成他人的守則，沒有自律、不以身作則、不按制度進行管理考核，造成無章無序的管理，不僅影響了其他員工的積極性和創造性，也影響了部門的整體工作效率和品質。

這五種情況的無序出現的頻次多了，就會造成企業的管理混亂。一個有效的管理者應該分析造成無序的原因，努力抓住主要矛盾，思考在這種無序狀態中，如何通過有效的方法，使無序變為相對有序，從而整合資源，發揮出最大的效率。

世上絕不缺少雄韜偉略的戰略家，缺少的是精益求精的執行者；世上絕不缺少各類管理制度，缺少的是對規章條款不折不扣地執行。

認清自己的角色，了解自己的職責

現在許多職場新人在違反了公司的規章制度後，總是喜歡用「我不知道」或「我不是故意」的為自己開脫。作為初犯，公司可能會原諒你，但即便如此，你也給上司和同事留下了不良的印象；如果你老是對公司的規章制度視而不見的話，則有可能哪天你被公司炒了魷魚，你自己還蒙在鼓裡。

那麼，如何才能嚴格遵守好公司的規章制度，將事情處理的有條不紊呢？

一、重視細小的規章制度

午餐過後，明浩有些睏意，於是到茶水間用外賓專用的紙杯給自己泡了一杯咖啡，喝完之後，他順手把紙杯扔到垃圾桶裡，這件事被人看見了，於是，下班之前他的上司把他叫了過去，說喝咖啡的紙杯是專供客人使用的，公司員工要喝咖啡只能自備杯子，如果他下次再用紙杯喝咖啡，就按規定罰款，從薪水裡扣。明浩從上司的辦公室出來後，實在不理解，就這麼一個幾分錢的小紙杯，為什麼要這麼小題大做？

無論是個小紙杯，還是一張影印紙，都值不了幾個錢，特別是對於那些財大氣粗的跨國公司來說，連九牛一毛都算不上。但是，在這裡它不是一個價值問題，而是一個事關公司規章制度的問題。

對於許多職場新人來說，不能說他們不關心公司的規章制度，但他們更關注的似乎是公司的薪資福利和可用資源，例如休假、獎金發放、出差標準及補貼、醫療保險等等。應該說，做為員工關注這些並沒錯，而且是應當的，不過做為一個職場新人，你光關注這方面的東西還不夠，你還必須瞭解公司在勞動紀律、獎懲等方面的各種規章制度。其實，只要是具備一定管理水準的公司，在對新員工進行職前培訓的時候，大都會全面地介紹公司的各種規章制度，只是一些職場新人對這方面的問題心不在焉罷了。

只要你進了大學，做為學生，你就屬於「買方」，也就是說你交學費給學校買知識，所以，在學校你是相對非常自由的。正是由於這種「自由」的慣性作用，進入職場後，你並沒有意識到自己人生角色的變化，不習慣完全按照公司的各種規章制度來要求自己，總是把公司的規章制度看得很輕；你工作起來可能很賣力，但就是喜歡犯點這樣或那樣的小毛病，在各種小毛病當中，最常見的就是上班的時候遲到，而上班遲到，往往是紀律嚴明的公司最不能容忍的。如果說在學校你繳學費你就是「買方」的話，那麼進入職場後，是你的老闆給你發薪水，他就是「買方」，所以，他有權要求你遵守公司的各項規章制度，接受工作紀律的約束。

二、服從上級安排

一名員工或軍人要完成上級交付的任務，就必須具有強而有力的執行力。接受了任務就意味著做出了承諾，而完成不了自己的承諾是不應該找任何藉口的。這是一種很重要的觀念，而它體現了一個人對自己的職責和使命的態度。

思想影響態度，態度影響行動。現在很多公司推崇軍校的一個教育觀念，即「沒有任何藉口」，要求員工在「是」與「不是」兩種答案中做出選擇。

在美國軍事學院，有一個廣為傳頌的優良傳統。學員遇到長官問話時，只能有四種回答：「報告長官，是」、「報告長官，不是」、「報告長官，不知道」、「報告長官，沒有任何藉口」，除此以外，不能多說一個字。

「沒有任何藉口」是美國軍事學院二百多年來所奉行最重要的行為準則，是美國軍事學院傳授給每一位學員的第一種理念。它強化的是每一位學員要想盡一切辦法去把工作做到位，而不是為沒有完成任務去尋找藉口，哪怕是看似合理的藉口。秉承這一理念，美國軍事學院的畢業生在各個領域中都取得了非凡的成就。儘管美國軍事學院到目前為止，只培養了約五萬名學員，但卻為社會培養出了兩位總統、四位五星上將、三千七百多名將軍！

在現實生活中，我們缺少的不是尋找藉口的人，而是那種想盡辦法把工作做到位的人。在他們身上，體現出一種服從、誠實的態度，一種負責、敬業的精神，一種完美的執行力。

「服從是軍人的天職」這種理念在企業中同樣值得大力推廣，對提高企業業績無疑是一針強心劑。對每個員工來說，如果貫徹這種理念，工作上必定會取得很大的突破。

在很多公司，也許剛開始時只有一、兩個人經常找藉口不守紀律，但慢慢地其他人就會效仿。這樣一來，就形成了互相推諉、互相抱怨的局面，嚴重影響公司的競爭力和經營業績。

因此，對每個員工而言，無論做什麼事情，都要記住自己的責任，無論在什麼樣的工作崗位上，都要把自己的工作做到位。不要用任何藉口來為自己開脫或搪塞，因為完美的執行是不需要任何藉口的。

【智慧語錄】

在學校的時候，你可能會認為你的班導師是世界上最嚴厲的人，進入職場後，你的看法可能會出現一百八十度的轉變：世界上最慈祥的人就是自己當年的班導師！

第四章

小題大做 牛刀殺雞

現實生活總是由一些細小的事情所構成，人們總是傾心於遠大的理想和宏偉的目標，總是忽略了不該忽略的小事情、小細節，從而在接踵而至的小事面前窮於準備、忙於應付。

殺雞也要用牛刀

成功者與庸碌者最大的區別，就在於成功者願意做別人不願意做的事情，並以做大事的心態做小事。

做一名務實的成功者

成大事者從來不因為小事而懈怠，相反的會把小事認認真真地辦好。他們會把做好小事看作是一種成就大事的磨練。

勿因事小而不為。眼前的小事或許正是將來做成大事業的幼苗或基石，通常大的成功都是由做好小事積累而來的。

如果認為成功就一定要做一些驚天地泣鬼神的事，那樣的人肯定是不切實際的人。俗諺說：「使人疲憊的不是遠方的高山，而是鞋裡的一粒沙子。」我們正處在一個浮躁的時代，自我的張揚和個人主義的回歸使人們的自我認識不斷膨脹、不願做小事，而細節管理的缺失又使人們可以不做好小事。

許多具有「成功秘訣」的東西，就隱藏在隨處可見的小事中。其實，帶領你成功的路徑就擺在你面前，而你卻一次次地漠視它，昂首闊步地從它面前走過。你總以為自己重任在身，總是習慣抬頭遠望，做一些自己達不到的事情。

如果你好高騖遠，那就在做事上犯了一個大錯誤。你以為可以不經過程而直奔終點；不從卑俗而直達高雅；捨棄細小而直達廣大；跳過近前而直達遠方。對於很多人來說，心性高傲、目標遠大固然不錯，但目標好像靶子，必須在有效射程之內才有意義。如果目標太偏離實際，反而無益於人們的進步。

「大」往往在「小」之中

每一件別人不願意做的小事，你都願意多做一點，你的成功率一定會不斷提高。雖然以後想做的事，對於你來說是夢想般的事情，但是這一點一滴的積累，終究會把夢想變為現實。那麼，在平時的工作和生活當中，我們應該如何處理好小事，將小事當成大事來做呢？

一、小事中包藏大問題

某大飯店創業之初，一位房務部經理檢查客房，他不僅用眼睛檢查地面、窗簾、浴室，還伸手四處摸摸，發現一切都打掃得乾乾淨淨，沒有任何灰塵，床也鋪得很整齊。正當他滿意地點頭之際，卻發現了一個嚴重的問題：茶几上的茶杯擺錯方向了。

這裡說擺錯方向，不是說茶杯放的方位不對，而是茶杯上所印飯店名稱的字不見了。按規定，杯子上印有飯店名稱的那一面應當向著門口，讓客人一進門就看得見，以便傳達飯店的品牌形象。這錯誤使房務部經理大為惱火，他當眾斥責服務員張潔，說她工作粗心大意、不負責任、不懂規矩。

張潔是一位十八歲的女孩，剛入職不久，她受不了被人當眾斥責，便與經理頂撞起來。她說：「這僅僅是一點小事，並不影響飯店的服務品質，客人也不會計較，你分明是雞蛋裡挑骨頭，小題大做、欺人太甚！」

因為擺錯杯子方向而引來的一場衝突，在當日算得上是軒然大波。當天，受了頂撞的房務部經理也很難過。他找到了客服部經理交換看法，客服部經理誠懇地說：「在職場裡，上級是人，下級也是人，大家的關係是平等的，唯有對員工滿懷愛心、循循善誘，員工才能接受你的批評教育。他們不習慣生硬的訓導，總以為只有資本主義國家才會這樣對待工人。」

房務部經理恍然大悟：「原來我們在管理方法和思想觀念上存在著差距，我只是就事論事，見她粗心大意，根本沒有品牌意識，情急之下沒有注意表達的方式和方法。」他反思了一夜。第二天，他出現在張潔正在清潔的客房，張潔有點愕然，他們不約而同地望向茶几上的茶杯，這回，茶杯擺對了。那一瞬間，他們相視而笑，彷彿昨天的「恩怨」已一筆勾消。經理是來向張潔道歉的，他說：「我昨天在眾人面前大聲斥責你，傷了你的自尊心，這是我的不對。但是，杯子的擺法非講究不可。」

從品牌管理的角度看，將杯子上飯店名稱的字擺在顯眼位置，不是一件小事，而是透過細節處傳達飯店品牌形象的大事。品牌既是管理的起點，也是終點，飯店提供的一切優質服務過程都在品牌中凝結。中國有句古語：通情才能達理。房務部經理寓理於情的態度令張潔感動，在短短的幾分鐘裡，他又贏得了下屬的尊敬。從此，張潔格外注意這樣的細節。

在工作上管理也好，情理也罷，每一個細小的環節都可能引發大的問題，管理不細則可能導致企業形象的損壞，情理不通則會引發出不滿，從而影響管理的實施，所以，無論管理還是情理都要從細處著眼，這樣才能樹立企業的品牌形象。

二、做好每件小事

小事，一般人都不願意做。但成功者與碌碌無為者最大的區別，就是他願意做別人不願意做的事情。一般人都不願意付出這樣看似無謂的努力，可是成功者願意，因此他獲得了成功。

別人不願意端茶倒水，你更要端出水準；別人不願意洗刷馬桶，你更要刷得明亮；別人不願意操練，你更要加強自我操練；別人不願意做準備，你更要多做準備；別人不願意付出，你更要多付出一點。

只要你能做別人不願意做的事情，只要你能做別人不想做的事情，你就可以成功。因此，成功最重要的秘訣，就是去做別人不願意做的小事。

做事不可以被大小限制、被時間限制、被空間限制。人生三不朽：立德、立功、立言。因而，需要具有超越自我、超越時空的觀念，跳出大大小小的圈子，成就最普通而又最特殊，最平凡而又最高尚，最渺小而又最偉大的事業。

不因小而失大，不因少而失多。拋棄大小的競爭、拋棄高下的念頭、拋棄富貴的欲望，而一心一意從小事做起，就算是洗廁所，也會比別人打掃得更乾淨。

越是那種埋怨自己工作價值渺小的人，真正給他們一份棘手的工作時，他們越是退縮而不敢接受。具有十成力量的人，去做僅僅需要一成力量的工作，其中有生命的意義和悠閒的心情。在長遠的人生中，這種生命的意義和悠閒的心情對於人格的形成與擴展，有決定性的幫助。

許多白手起家而事業有成的人，在當小學徒或小職員時就能以最高的熱忱和耐心去面對上司給予他們的小工作，這是非常普遍的事實。我們不可能用數量來衡量工作的大小，因為「大往往在小之中」。

【智慧語錄】

雖然，沒有人能夠知道未來的結果是什麼樣子。但是請記住，古代聖人說過的「千里之行，始於足下」，很多時候成功在常人眼中是遙不可及的事情，其實成功就是你身邊的那些「小事」，唾手可得。

問題無大小，工作無小事

對每一件小事都不要掉以輕心，因為事無巨細，能夠影響大局的，往往是微不足道的小細節。

工作細節不容忽視

注意細節所做出來的工作一定能抓住人心，雖然在當時無法引起人的注意，但久而久之，這種工作態度形成習慣後，一定會給你帶來巨大的收益。這種細心的工作態度，是從對一件工作重視的態度而產生的，對再細小的事也不掉以輕心。

有時候，公司老闆或業務員要出差，便會安排員工去買車票，這看似很簡單的一件事，卻可以反映出不同的人對工作的不同態度及其工作的能力，也可以大概推測出今後工作的前途。

有這樣兩位秘書，一位將車票買來，就那麼一大把地交上去，雜亂無章，易丟失，不易查清時刻；另一位卻將車票裝進一個大信封，並且，在信封上寫明列車車次、座位編號及起程、到達時刻。後一位秘書是個細心人，雖然她只是注意了幾個細節處，只在信封上寫上幾個字，卻使人省事不少。

按照命令去買車票，這只是一個平常人的工作，但是一個會工作的人，一定會想到該怎麼做、要怎麼做，才會令人更滿意、更方便，這也就是用心、注意細節的問題了。

工作面前無小事

如今，社會上的人們逐漸變得浮躁起來了，總是不停地追求各種自己期望的東西，卻對追求過程中的「小」問題根本不去理會。殊不知，往往正是人們看起來的小事成就了大事，而這正是可以帶來好結果的關鍵所在。

那麼，我們在工作當中，如何才能注重到小問題，做好工作中的每一件事情呢？

一、做好工作中的小事

從前，美國標準石油公司有一位推銷員叫阿基勃特，進入公司後，儘管職位低微，但他依然盡心盡職地努力維護公司的聲譽。當時公司的宣傳口號是「每桶標準石油四美元」。於是，不論何時何地，凡是要求自己簽名的文件，阿基勃特都會在簽完名字後，在下面寫上「每桶標準石油四美元」，甚至連書信和收據也不例外。

由於這種原因，他被大家稱為「每桶四美元」，真名反而沒人叫了。四年後的一天，董事長洛克菲勒無意中聽到此事，便請他吃了一頓飯。當他問阿基勃特為什麼要這樣做時，得到的回答是：「這不是公司的宣傳口號嗎？我想，每多寫一次就可能多一個人知道。後來，洛克菲勒退休，阿基勃特便成了第二任董事長。

二、工作之中無小事

有很多事情是被人們理所當然地認為是小事，例如上班時間中，在不影響工作績效的前提下打私人電話、聊天、玩小遊戲、遲到、打盹等。這些小事，哪怕只是忙裡偷閒作為「休息」的幾分鐘，一旦被老闆察覺，都可能變成後果嚴重的大事。

小穎是個好員工，她對自己的工作感到很滿意，從不遲到、早退和請假。她對工作忠誠而敬業，為公司帶來了很大的效益。老闆對她印象頗佳，曾暗示將給她升職加薪。

有一天她又早早把工作完成了，覺得有點累，於是第一次打開MSN來和朋友聊天，她和朋友聊得很起勁，就在這時候，老闆來到了她身後。小穎察覺過來，尷尬地關掉MSN，一句話也說不出來……幾個月過去了，原本唾手可得的升職加薪機會，當然也沒了，她後悔自己當初就不該安裝MSN。這一次聊天的後果是嚴重的，因為，它足以推翻小穎一直以來所塑造的敬業形象。她努力了那麼長的時間，終於熬到了升職加薪的邊緣，卻輸在一件「小事」上，實在太不值得了。

辦公室裡的一舉一動，都不是個小事情，許多辦公室的老員工都有一個共同的感嘆：辦公室裡無小事。因為，這樣的事情你只要做了一次，老闆就會認為你經常做這件事，光這樣就足以令老闆認為你不安分於本職工作，認為你不忠誠敬業，對你也就態度不好了。這就等於你自己為你的升職加薪設置了一個障礙。

老闆對你的評價除了看你的工作業績外，還會參考其他屬下對你的評論。而辦公室裡矛盾重重，你的小小過失或行為上的不端都很可能迅速傳到老闆那裡去。因為，為你保密沒有任何好處，向老闆打你的小報告倒是可以起到削弱競爭對手的效果。

所以，在辦公室要遵循「勿以善小而不為，勿以惡小而為之」的原則。辦公室裡沒有小事情，任何行為舉止上的不慎都可能導致職業上的失敗，而一些小小的行為舉止上的努力都可能能引導你走向成功。

三、警惕工作之中的疏忽

二〇〇一年十二月份，也就是耶誕節之前，戴爾電腦公司在自己的網站上將產品的價格誤登，一款售價為二百四十九美元的音響被標註為二十四點九美元，並且該資訊在網站上刊登了近一個星期。由於刊登的消息獲得了大量訂貨，訂單數一度超過庫存數量而被迫取消了部分訂單。戴爾公司不得不按照錯誤的價格為部分顧客發貨，而被取消訂單者也獲得了可折扣百分之十的折價券。如果說像戴爾公司這樣因為網站上某個地方文字登錄的錯誤，而引起嚴重後果只是偶然現象的話，那麼很多「日常小事」實際上都在嚴重影響著網站的最終效果。

正所謂「因小失大」。英國一家研究機構在二〇〇二年五月份發表的調查資料表明，英國很多大型公司在企業網站的建設和維護方面，儘管花費了數以百萬英鎊計的資金，但真正有用的網站卻寥寥無幾，所投入的資金幾乎等於浪費。如果進行深入分析，不難發現，很多網站在一些看似不起眼的小問題上往往暴露出其不專業的缺點，這些問題看起來可能並不嚴重，甚至微不足道，但實踐經驗表明，在網站的總體功能差不多的情況下，細節問題往往是決定一個網站是否真正有效的關鍵因素。

精於細微才能真正提高管理水準，所以企業管理不能只重視「面」和「線」，而忽視了「點」，各事物的基本問題還是在「點」上，而「點」的改善是無止境的，建立「細節優勢」，保證基業長青。

【智慧語錄】

社會是由許多大人物和小人物組成的，小人物的重要性有時顯得更加重要，大機器也需要小齒輪的配合。所以你知道，沒有小事情，沒有小人物，他們是平等的，因為他們同等重要。

同樣，工作無小事，認真對待每一件事都算是做大事，固守自己的本分和崗位，就是做出了最好的貢獻。

在平凡中體現出不平凡

做事方法的不同主要體現在一些細節上，正是這些細節決定了不同的人具有不同的命運。

小事做得好，才有做大事的資格

一位年輕的修女進入修道院以後一直從事織掛毯的工作，做了幾個星期之後她再也不願意做這種無聊的工作了。

她感嘆道：「給我的工作簡直無聊透頂，我一直在用鮮黃色的絲線編織、打結、把線剪斷，這種事完全沒有意義，真是在浪費生命。」

身邊正在織毛毯的老修女說：「孩子，你的工作並沒有浪費，你織出的那一小塊布料，其實是非常重要的一部分。」

老修女帶著她走到工作室裡攤開的掛毯面前，年輕的修女呆住了。

原來，她編織的是一幅美麗的《三王來朝》圖，黃線織出的那一部分正是聖嬰頭上的光環。她沒想到，在她看來沒有意義的工作竟是這麼偉大。

你可能永遠都無法看到整體工作的美，但是缺少了你那部分，整體工作就不完整，什麼都不是了。

很多人渴望證實自己的優秀，但卻總是停留在夢想階段，而不是從簡單的小事做起，從而失去了很多展示自己價值的機會和走向成功的契機。

企業中也是如此，管理者一開始會安排員工做一些比較簡單的事情，其實這就是在檢視員工對待平凡工作和簡單任務的態度。員工只有把這平凡的工作做好、做到位了，管理者才會放心和信任員工去處理企業中更高層次的問題。

創造不平凡的小事

雖然我們每天面對的可能都是相同的工作，平凡而又簡單，難免會讓人覺得單調而又枯燥。但是，把每一件簡單的事做到位就是不簡單，把平凡的事一千遍、一萬遍地做好就是不平凡。

其實，工作就是由無數瑣碎、細緻的小事組成的，人們也是在這無數平凡的小事中創造不平凡的業績。這種重視細節的態度，無論對個人和企業都是有益的。

那麼，在平凡的生活當中，如何將平凡的事情做出不平凡呢？

一、凡事應多思考

兩個同齡的年輕人同時受雇於一家店鋪，並且拿同樣的薪水。可是一段時間後，叫阿諾德的那個小夥子青雲直上，而那個叫布魯諾的小夥子卻仍在原地踏步。布魯諾很不滿意老闆的不公平待遇。終於有一天他到老闆那兒發牢騷了。老闆一邊耐心地聽著他的抱怨，一邊在心裡盤算著要如何清楚地解釋他和阿諾德之間的差別。

「布魯諾先生。」老闆開口說話了：「請您現在到市場去一下，看看今天早上賣了哪些東西。」

布魯諾從市場回來後，向老闆彙報：「今早市場只有一個農民拉了一車花生在賣。」

「那一共有多少花生呢？」老闆問。

布魯諾趕快又跑到市場上，然後回來告訴老闆一共四十袋花生。

「價格是多少？」布魯諾又第三次跑到市場上問了價格。

「好吧。」老闆對他說：「現在請您坐在椅子上一句話也不要說，看看別人怎麼做。」

老闆將阿諾德找來，同樣請他看看市場上有賣哪些東西。

阿諾德很快就從市場上回來了，並向老闆彙報說到現在為止只有一個農民在賣花生，一共四十袋，價格是多少多少……等等，又看花生品質很不錯，於是帶回來一個讓老闆看看，又說這個農民一個鐘頭以後還會弄來幾箱蕃茄，據他看價格非常公道，剛好昨天店裡的蕃茄賣得很快，庫存已經不多了，他想這麼便宜的蕃茄，老闆肯定會要進一些貨，所以他不僅帶回了一個蕃茄做樣品，還把那位農民也帶來了，他現在正在外面等著呢。

此時，老闆轉向了布魯諾說：「現在您知道為什麼阿諾德的薪水比您高了吧？」

小事情、大學問，同樣的小事情，聰明人做出大學問，不善思考的人只會來回跑腿而已。別人對待你的態度，就是你做事情結果的反應，像一面鏡子一樣準確無誤，你如何做的，它就如何反射回來。

二、做好平凡的事

某電視臺著名主持人王筱青，大學經濟系畢業後被分到一家經濟類報社當記者。可她萬萬沒有想到，報社長官把她分配到通聯部去抄信封。整整三個月，她都是在桌上與信封為伴。

當時王筱青感覺失望透頂，她不明白大學畢業生怎麼能做這個誰都能做的寫信封工作。雖說一時有些想不通，但她照樣好好做，每次抄寫信封都非常用心。三個月之後，她經手的信封寫得又快又好，一個人的工作量抵得上別人的兩倍。後來，長官看她表現十分突出，就主動地問她：「想不想做點其他工作？」從此以後，她先後成了文摘版、理論版和副刊的編輯。

很多企業員工往往喜歡做大事，而不願意或不屑於做上司安排的小事。但事實上芸芸眾生中能做大事的人實在太少，多數人多數情況還是只能做一些具體的事、瑣碎的事，也許過於平淡，也許過於雞毛蒜皮，但這就是工作、生活，是成就大事不可缺少的基礎。員工只有透過做小事的認真，才能培養處理企業中大事的能力。

企業中看不起小事、不願意做小事的員工，說到底就是看不起自己的工作崗位。殊不知能把自己所在崗位的每一件平凡小事做成功、做到位就很不簡單了。所謂成功，其實就是在平凡的工作中做出不平凡的堅持。

面對每一件事情，企業員工都應該抱著積極心態去做，即使是做那些表面上看似較小的事情，也應該用做大事的心態去處理。這樣，自己的任務才能夠完成，企業的整個目標才能順利實現，員工也才能夠得到企業管理者的認可。

三、偉大來自於平凡

曾經有一則植物園重金徵求純白金盞花的啟事，一時在當地引起轟動，高額的獎金更讓許多人趨之若鶩。然而大家都忘了，在千姿百態的自然界中，金盞花只有金色和棕色，而要培植出純白色的金盞花，則不是一件容易的事。因此，許多人一陣熱血沸騰之後，就把那則啟事拋到九霄雲外去了。

一晃就是二十年。一天，那家植物園意外地收到了一封熱情的應徵信和一粒純白金盞花的種子。當天，這件事就不脛而走，原來寄種子的是一位古稀老婦，老婦是一位道道地地的愛花者。當她二十年前偶然看到那則啟事後，便怦然心動，因此不顧兒女們的反對，義無反顧地做了下去。

一開始，她撒下了一些最普通的金盞花種子，精心待弄。一年之後，金盞花開了，她從那些金色的、棕色的花中挑選了一朵顏色最淡的，並任其自然枯萎，以取得它的種子。次年，她又把它種下去，然後，再從這些花中挑選出顏色更淡的花，取它的種子栽種……日復一日，年復一年。終於，在二十年後的一天，她在那片花園中看到一朵金盞花，它不是近乎白色，也並非類似白色，而是如銀如雪的白。

大膽地冒險有時能碰上好運氣，人生有時也能得到意外的收穫，但這些都只是屬於偶然的情況，而要想真正達到自己追求的目標，只有靠勤奮和毅力、靠從小事做起，捨此別無他途。我們知道，只有透過專心致志、認真刻苦地訓練才能造就真正的藝術大師。工作中，那些成就非凡的大師總是於細微之處用心、於細微之處用力，這樣日積月累，才能漸入佳境、出神入化。

事實上，平時非常普通平凡的工作，只要我們一直堅持下去，把它們做好、做到位，就一定能夠取得偉大的成就，以促使我們走向成功，從而改變我們的命運。

古人曾說：「天下難事，必做於易；天下大事，必做於細。」精闢地指出了要想成就一番事業，必須從簡單的事情做起，從細微之處人手，這樣才會離成功越來越近。

【智慧語錄】

「泰山不拒細壤，故能成其高，江海不擇細流，故能成其深。」企業的發展需要對更多細節的深層關注。做為一名員工，我們要善於從平凡的崗位中去尋找樂趣，尤其不要因為做的是小事，而看不起自己的工作崗位，因為能把平凡的工作做到位就是不平凡。

做事不貪大

如果你希望自己能夠光明磊落地生活，期望自己獲得更大的、更高層面的成功，那麼，請控制好你的欲望，無論何時都不要被它所左右。

賺錢，也要從小錢開始賺起

有些人是小錢不愛賺，大錢賺不來；有些人是什麼錢都能賺，什麼苦都能吃。「先做小事，先賺小錢」，這句話許多年輕人都不愛聽，因為哪個年輕人不是雄心萬丈，一踏入社會就想「做大事，賺大錢」呢？

立「做大事，賺大錢」的志向基本上是沒錯的，因為這個志向可以引導一個人不斷向前奮進，但說實話，社會上真能「做大事，賺大錢」的人並不多，而一踏入社會就能「做大事，賺大錢」的人更需要一些特別的條件：

過人的才智——也就是說，是一塊天生「做大事，賺大錢」的料！

優越的家庭背景——譬如說家有龐大的產業或企業，或是有一個有權有勢的父母，因為這樣的父母、這樣的背景，才能讓你一踏人社會就可「做大事，賺大錢」。

好的機運——有過人才智的人需要機運，有優越家庭背景的人也需要機運，才能真正「做大事，賺大錢」。

談到這裡，請好好想想：你的才智是「上等」、「中等」還是「下等」？別人對你的評價又如何呢？你的家庭背景如何呢？有沒有可能助你「做大事，賺大錢」呢？機遇來到時，你有信心抓住它嗎？

不管你的回答如何，現實卻是：很多大企業家都是從夥計做起；很多政治家是從小職員當起；很多將軍是從小兵成長起來的。一家海鮮連鎖餐廳的老闆很可能當初是在水產品市場賣海鮮的；而一家服裝連鎖店的老闆當初可能是個擺地攤的，可能就連大企業家的第二代，也沒有一出社會就真正「做大事，賺大錢」的人。所以，當你的條件只是「普通」，又沒有良好的家庭背景時，那麼「先做小事，先賺小錢」絕對沒錯，你絕不能拿「機運」來賭，因為「機運」是看不到、抓不到，又難以預測的。

將貪婪欲望轉化為奮進力量

一個優秀的員工會把正常的欲望轉化為催人奮進的積極力量，一個失去自律、沒有老闆監督的員工，則會因為貪婪在瞬間毀掉其良知和自尊，最終將自己置於萬劫不復的深淵之中。

不要小看自己所做的每一件事，即便是最普通的事，也應該全力以赴、盡職盡責地去完成。小任務順利完成，有利於你對大任務的掌握程度。但要如何才能做到「先做小事，先賺小錢而不貪圖大事」呢？

一、大處著眼，小處做起

在二〇〇〇年的亞洲盃足球賽上，中國隊殺進四強，到半決賽時與日本隊相遇。賽前許多隊員都表示：我們不怕日本。比賽時教練的戰術安排沒什麼錯誤，隊員們拼勁也十足，但最終還是以二比三輸掉了這場比賽。應該說，中國隊較以往有進步，場面也不難看，但日本隊明顯技高一籌，尤其下半場完全控制了場上的主動權，基本上是在壓著中國隊打。

我們這裡不是在評球，而是要提中國球評員黃健翔所說的一段話：「要說速度和身體條件，日本隊好像不如我們，他們前鋒速度並沒有我們快。可在全場的節奏上，每個日本隊員似乎都能比我們快兩步，這樣整個日本隊就比中國隊快很多。中國隊引進外援時多引進前鋒，進球率亦提高；日本隊職業聯賽中引進的卻是一些寶刀已老的中場大牌明星，這些球星年齡大了，雖不可能多進球，但卻給日本隊員帶來良好的戰術意識、先進的足球理念、一流的中場組織。」

許多時候，我們會有很好的目標和方法，也會去努力學習先進者、成功者的經驗、技術，但往往只是大處著眼，而忽略了細節之處，把一些最基本的東西置於腦後而去建築美麗的空中樓閣。日本隊員單與中國隊員拼體能，也許不是中國的對手，可他們在場上每時、每刻、每個人都始終比中國隊多跑兩步、快了兩步。

世界科技強國在高科技等領域絕不含糊，但在一般產品上也絕對是一流水準。說穿了，就是每個崗位、每道程序、每個環節上的人都兢兢業業地做好自己的事，無論高科技、低科技，無論是否為重要工程、國家專案，唯有將認真、敬業培養成一種骨子裡的習慣，並將每一道細流彙聚起來，就聚成一股領先的潮流。

做為一個球隊也好、一個國家也好、一個個人也好，成功的經驗有千條萬條，但都離不開這一點：大處著眼，小處做起。切實加強自身的修養和素質，克服自身的各種惰性和小毛病。唯有如此，才能具備成功者的基本素質，可以征服各式各樣的高山。

二、做人做事，不可貪婪

不可否認，對於大多數人而言，工作重要目的之一就是換取薪水。但是，如果將換取薪水或金錢作為工作的唯一目的，你就會利慾薰心，不僅蒙蔽雙眼，還將很快陷入貪婪的深淵。

欲望人人皆有，而一旦有了欲望就會帶來人本性中的兩個孿生兄弟——積極向上的動力與本性中的貪婪。如果仔細想想，我們會發現其實積極向上的動力也是本性的一種，與人們遇到困難後本能地躲避危險、主動求生是同一個道理，貪婪也是一樣，但貪婪總是出現在人們面對利益的時候。可見，不切實際地想做自己根本做不到的事，就會使欲望變為貪婪。

欲望與貪婪有什麼不同呢？欲望是人正當的要求，它與人滿足欲望的能力應該是匹配的。換句話說，欲望是透過自己的正當能力可以滿足的，或透過正當途徑的努力可以實現的，是理性的結果。貪婪則是追求超出以上限度的部份。

利己是人的本性，人們總是在追求更多更大的利益，這種利己來自人的欲望。追求財富本無可厚非，但是，當追求財富變成一種攫取，將手伸向別人的口袋或以犧牲公司利益為代價時，那麼你的人格將隨之一落千丈，職業生涯也要結束了。

許多人希望自己能像貴族一樣的生活，尤其在精神上要求自己向貴族的習慣靠攏，以為這樣可以提高自身的素質。可是聽兩場音樂會、看畢卡索巡迴畫展、過個歐洲的假期怎麼可能就會讓自己在精神上成了貴族呢？精神上的貴族是需要放棄很多既得利益的誘惑，如果你仍然念念不忘獎金的多寡，惦記著股價是不是上升以便投機一把，那麼你就無法在面對利益的引誘時不動心。

真正能讓你在公司以至社會挺胸昂首的不是你的存款，不是身邊漂亮的女人，也不是你天才的獨門技術，而是一個人高尚的人格。

三、做好每件平凡的小事

做好每一件小事，每一件事都值得我們去做，而且應該用心地去做。因為許多不平凡的業績都是從平凡的勞動中幹出來的。

羅浮宮收藏著莫內的一幅畫，描繪的是女修道院廚房裡的情景。畫面上正在工作的不是普通的人，而是天使。一個正在架水壺燒水，一個正優雅地提起水桶，另一個穿著廚衣，伸手去拿盤子——即使日常生活中最平凡的事，也值得天使們全神貫注地去做。

工作是否單調乏味，往往取決於我們做它時的心態。人生目標貫穿於整個生命，你在工作中所持的態度，使你與周圍的人區別開來。日出日落、朝朝暮暮，它們或者使你的思想更開闊，或者使其更狹隘，或者使你的工作變得更加高尚，或者變得更加低俗。

每一件事情對人生都具有十分深刻的意義。你是建築工嗎？可曾在磚塊和砂漿之中看出詩意；你是圖書管理員嗎？經過辛勤勞動，在整理書籍的縫隙，是否感覺到自己已經取得了一些進步？

如果只從他人的眼光來看待我們的工作，或者僅用世俗的標準來衡量我們的工作，工作或許是毫無生氣、單調乏味的，彷彿沒有任何意義、沒有任何吸引力和價值可言。這就好比我們從外面觀察一個大教堂的窗戶。

大教堂的窗戶佈滿了灰塵，非常灰暗，光華已逝，只剩下單調和破敗的感覺。但是，一旦我們跨過門檻，走進教堂，立刻可以看見絢爛的色彩、清晰的線條。陽光穿過窗戶在奔騰跳躍，形成了一幅幅美麗的圖畫。

由此，我們可以得到這樣的啟示：人們看待問題的方法是被局限的，我們必須從內部去觀察才能看到事物真正的本質。有些工作只從表像看也許索然無味，只有深入其中，才可能認識到其意義所在。因此，無論幸運與否，每個人都必須從工作本身去理解工作，將它看作是人生的權利和榮耀——只有這樣，才能保持個性的獨立。

【智慧語錄】

如果你抱著這種只想「做大事，賺大錢」的心態投資做生意，那麼失敗的可能性很高。俗話說，「萬丈高樓平地起」。基礎是最重要的，小事做不好的人，大事肯定也做不好；小錢都賺不來的人，沒有人相信他將來能成為一個能賺大錢的人。

細節源自於周密的計畫

只有拋棄短視的惡習，多做一些長遠打算的人，才能掌握自己的人生，擁有一個美好的未來。

先想好，再做好

有人認為，今天的一切都變得太複雜了，沒有一個人能細緻地解決工作中所有的問題。他們覺得對付工作的最好辦法就是埋頭苦幹。因此，他們很少花時間對所做的工作進行思考，也很少總結過去的成敗和得失，更沒有去考慮下一步的工作方向，而是直愣愣地做手頭上的工作。他們生怕坐下來思考會耽誤工作進度，耽誤了眼前的利益。

不可否認，這種人也想把每一個細節做好，卻因為缺乏周密的計畫而只能把事情匆匆忙忙地做完，對於細節的追求只能是有心無力。因此，他們總是採用「一指神功」的打字方式來進行工作，每次只做一件事，看它是否有效，然後再進入另一件事。

下過象棋的人都知道，贏家沒有一個是走一步算一步的，所有的贏家都能算計到後面將要走的好幾步，工作也是一樣，優秀的員工都會對將要發生的兩、三件事進行安排，制定好個人的工作計畫，正所謂「吃著碗裡的，看著鍋裡的」。

不管做什麼事情，制定一個詳細的計畫都是非常重要的，它可以幫你把工作的細節不斷地量化。過去，人們的觀念是「別老坐在這裡了，趕快去做事吧」，而現在人們更提倡「別忙著做事，先坐下來想一想」。

做好事前規畫，達到事半功倍

很多人之所以在工作中一事無成，甚至將工作做的混亂不堪，最根本的原因就在於他們缺乏一個計畫、沒有目標，也沒有實現目標的步驟。不知道自己到底要做什麼，更不知道自己要如何去做。自然而然，這些人的工作不能做徹底，最後就會遭遇失敗。

那麼，我們應該從哪些方面來做好工作前的計畫呢？

一、制定詳細的計畫

在工作中，每個員工都一定要提前做好準備工作，提前做好計畫，必須具備睿智的眼光和超凡的遠見，安排好生活中的每一件小事。只有進行周密的計畫，人們才能對工作中的細節有所準備，才能在碰到各種各樣的細節問題時不慌不亂；只有進行周密的計畫，你才能很明確自己該做什麼工作，應該怎樣去做。如果計畫不能把每一個細節進行量化，計畫就不可能達到目的。

細節始於計畫，計畫同時也是一種細節，而且是很重要的細節。在你制定計劃時，應對工作中的每一個環節做出深入細緻的規劃，保證每個環節都有一個目標，都有辦法可循，並保證整個計畫是經得起反覆檢驗的。每一個流程、動作，都要進行量化，都要從細節去分析。計畫做得越周密，細節就做得越到位，這個工作做好了，對個人、對企業都大有裨益。

時間管理專家說，你用於計畫的時間越長，你完成工作所需要的時間就越短。這兩個時間存在著極大的相關性和互補性，就看你怎麼做，你是願意多花一些時間在計畫細節上下功夫，還是願意多花一些時間去調整因為盲目工作而導致的錯誤。

所以，在實施計畫之前要好好地總結一下工作中存在的問題，找出問題的癥結所在，例如什麼樣的方法是最好的，什麼樣的工作方式才是正確的。把這些解決問題的方法納入計畫中，以此作為工作的努力方向。

二、有長遠的目標

一個好的領導者，必須要做到長計畫、細步驟、精安排，這樣才能真正做好管理工作。制訂長遠規劃，是確定一個遠大的發展目標，這個目標要定得高一些，這樣你才會有動力和壓力，使自己的潛能得以充分地發揮出來。做生意無「夢」不富，要想賺大錢，就要敢於作夢，拿破崙說：「不想當將軍的士兵，不是好士兵。」那麼你也可以說：「不想做大生意的商人，不是出色的商人。」當然，目標也不能定得太高，脫離實際，否則，看不到實現目標的希望，是會讓大家都洩氣的。最好是能將大目標具體化，並分解成小目標或階段性目標，使大家每前進一步，都能體驗到成功和勝利的喜悅。

三、做事要考慮周全

考慮問題若只看眼前的效益，就會使你陷入更糟的結果。

陳星想開一家民宿，可是手裡沒有本錢，妻子建議陳星可以先去別人的飯店打工，一邊賺些錢，一邊學點經驗，總不能全靠借貸開店啊！但陳星卻不同意：「船到橋頭自然直，還是借錢先把店開起來再說，還錢啊什麼的以後再考慮！」就這樣，陳星從朋友和親戚手裡共借了二十萬，民宿就開張了。

一段時間後，一個朋友家裡出了事，就來找陳星要當初借他的三萬元。陳星這下子可著急了，向銀行貸款是不用想了，唯一的辦法就是借「高息貸款」，妻子勸他多想想，他卻說：「先借來還給朋友，這三萬塊錢慢慢再還吧！」民宿開張兩個月了，可客人卻稀稀落落，賺來的錢只勉強夠維持日常支出。這樣下去可不是辦法，陳星又有了一個新想法：允許賒帳。他認為這樣做一定會招來顧客。朋友們紛紛勸他一定要慎重，因為賒帳就像一個雪球，總是越滾越大。然而陳星依然沒有聽從大家的勸告，允許賒帳後，店裡的生意果然好了起來，街坊鄰居都來湊熱鬧。

可是好景不長，兩個月後陳星就支撐不住了，店裡連買菜的錢都不夠，他開始收帳，但那些賒帳的客人翻臉像翻書一樣快，一個一個都躲著陳星。就這樣，開店四個月後，陳星低價把民宿轉讓了出去，最終他沒賺到一毛錢，反而欠了很多債、惹了不少麻煩，現在夫妻倆還得每天出去討帳呢！

陳星的失敗就是由於對問題的考慮不夠長遠造成的，我們看到他在解決問題時，總是只顧眼前需要，而不看後果如何。他借貸開店，不考慮日後的還款能力；為了解決顧客少的問題，竟然採取允許賒帳的方法，既不考慮可能會給資金流動帶來的影響，也不考慮日後收帳的困難。他這種拆了東牆補西牆的方式，雖然解決了眼前的問題，卻給日後的經營埋下了隱患，最後終於導致了經營的徹底失敗。

我們常把「只看眼前，不顧以後」的做法稱為短視，而一個短視的人很難正確處理生活中遇到的各種問題，而且也很難有什麼成就。在不斷前進的人生旅途中，一個人如果總是想一步走一步，那麼他一定會碰到很多障礙，所謂「人無遠慮，必有近憂」就是這個道理。

【智慧語錄】

在職場上，只有了解自己的目標是什麼、清楚想怎麼做之後，你才能夠真正將工作做徹底，才能真正走向成功。

從細節看出企業的價值觀

一些卓有成效的管理者，都是善於處理細節的人，忽略每一個細節，就意味著放棄整體。從某種意義上來說，「管理者的管理能力就是處理細節的執行能力」。

企業也需要講究管理的細節

細節就是一種態度，也是一種和企業文化與企業價值觀。所以，從這點上來講，細節並非是為了細節而細節。

我們大多數的企業，對細節的理解還停留在「制度的完善」、「報表的完善」上，但那只是表面文章。現今沒有報表的企業其實已經不多了，但是執行得好的恐怕就屈指可數。細節如果不是由企業的價值觀派生出來，那這種細節恐怕是無效的。

細節在企業管理中，其實就是工作態度的問題。沒有一種企業文化是強調「關注細節」的，那種口號是空虛並且可笑的。細節就是在每一件事情上，嚴格按照企業的價值觀去做事情，這就是一種企業的核心價值。

只有細節管理才能造就習慣，才能讓人訓練有素，才能保證執行工作品質的穩定性和均衡性，也才能較好地滿足顧客需要，保持顧客的忠誠度，如此才能讓企業達到最好的效益。因為，穩定性和均衡性是保持企業運營良好的前提。

注意管理上的細節

企業很難靠戰略取勝，因為戰略是同質而且是易於複製的。差別恰恰就在執行能否到位。追求卓越也好，卓爾不群也好，都是做細節。那麼，在企業管理當中，在細節的處理時，應該注意哪些方面呢？

一、注重細節管理

日本一家機器製造廠的老闆發現裝配工人在生產過程中，對一些剩餘的小零件總是不太珍惜，常常是隨手丟棄，經過多次提醒也不見改善。

有一天，老闆突然走到工廠裝配區的廠房中間，將一桶硬幣拋向空中，任其灑落在各個角落，然後一言不發地走回了自己的辦公室。工人們見狀，雖覺得莫名其妙，但還是一邊撿拾散落在地上的硬幣，一邊對老闆的古怪行徑議論紛紛。

第二天，老闆把裝配工人召集起來開會，發表了他的觀點：「當你們看到有人把錢撒得滿地都是時，都表示疑惑，而丟的雖然都是硬幣，但你們認為太浪費了，所以一一撿起。問題是，平時你們卻習慣把螺絲帽、螺絲栓以及其他一些零件丟在地上，從不撿起來。你們是否想過，在通貨膨脹越來越嚴重的今天，這些硬幣其實是越來越不值錢了，而你們所不屑一顧的零件卻一天比一天有價值。」

一番情理的論說，加上讓人印象深刻的「表演」，使大家恍然大悟。從此以後，再也沒有人亂丟零件了。企業要發展，離不開精益求精的細節管理。杜拉克在《卓有成效的管理者》一書中說：「管理好的企業，總是單調無味，沒有任何激動人心的事件。那是因為凡是可能發生的危機早已被預見，並已將它們轉化為例行作業了。」對企業來說，沒有激動人心的事發生，說明企業的運行時時都處於正常態勢，而這只有透過每天、每個瞬間嚴格地對細節加以管制，才有可能實現。

二、與企業共同進步

一八八〇年，喬治‧伊士曼創辦了柯達公司。他無時無刻都在思考著如何將公司做大。他常常思考著一個問題：如何讓員工們行動起來，與企業共同進步。沒有員工的支持，柯達是無法發達的。

一八八九年的某一天，伊士曼收到一名基層員工寫給他的建議書。這份建議書內容不多，字跡也不優美，但卻讓他眼睛一亮。這位員工建議生產部門應將玻璃窗擦乾淨。對於這樣的建議，在伊士曼以前看來，是小到不能再小的一件事了，但這次伊斯曼卻看出了其中的意義。他笑了，因為這正是員工積極性的表現。喬治‧伊斯曼立即召開表彰大會，發給這名員工獎金，「柯達建議制度」也就應然而生了。

在柯達公司的走廊裡，每個員工都能隨手取到建議表，並丟入任何一個信箱，每個建議表都能送到專職的「建議秘書」手中。專職秘書負責及時將建議送到有關部門審議，做出評鑒。建議者隨時可以撥打電話詢問建議的下落。公司裡設有專門委員會，負責建議的審核、批准以及發獎。一百多年過去了，柯達公司員工提出的建議接近二百萬個，其中被公司採納的超過六千零七十五個。目前，柯達公司員工因提出建議而得到的獎金，每年在一百五十萬美元以上。一九八三到一九八四年，該公司因採納合理建議而節省資金約一千八百五十萬美元，公司亦拿出三百七十萬美元獎勵建議者。

「柯達建議制度」在降低產品成本核算、提高產品品質、改進製造方法和保障安全生產等方面起了很大的作用。而且每個職工提出一個建議時，即使他的建議未被採納，也會達到兩個目的：一是管理人員瞭解到了員工在想什麼；二是建議人在得知他的建議得到重視時，會產生滿足感，工作越發努力。

現在，柯達員工已逾萬人，公司業務遍及世界各地，產品涉及影像、醫療、資料存儲等領域。公司除了生產聞名於世的柯達膠捲外，還有照相紙、專業攝影器材、沖印器材、沖曬設備、影印機、印前製版產品、檔案處理系統、航太高科技產品及影像產品器材——誰敢說這沒有「柯達建議制度」的一份大功勞呢？

三、真誠細緻的服務

迪士尼的一項調查發現，平均每天大約有二萬遊人將車鑰匙反鎖在車裡。於是迪士尼公司雇用了大量的巡遊員，專門在公園的停車場幫助那些將鑰匙鎖在車裡的遊客打開車門——這一切無須給鎖匠打電話、無須等候，也不用付費。這一項重視細節的服務為迪士尼公司帶來了更多的顧客。

一位法國女性到美國旅行，她在一家鞋店的門口看到一個牌子上寫著：「超級特價，只需一折！」她看了看這些特價品，突然發現了一雙漂亮的紅色皮鞋，她拿起來看了看，皮鞋品質很好，而且是名牌，這雙鞋她在別的地方已經看過好幾次了，因為價格太貴而放棄了購買的願望，現在這麼便宜的事居然讓她碰上了。她於是急忙招呼工作人員過來，然後詢問道：「這雙鞋打一折後確實是七美元嗎？」工作人員把鞋子看了過去，然後說：「請您稍等！」然後就回到服務台去了。

沒過多久，工作人員又回來了，手裡拿著那雙紅色的皮鞋對她說：「沒錯，這兩隻鞋的確是七美元。」

「兩隻鞋？難道這不是一雙鞋嗎？」法國人問。

工作人員說：「在您決定購買之前，我一定要把真實情況告訴您。我們的服務宗旨是誠實守信。我們知道您的時間很寶貴，但還是希望您能聽完我說的話。因為如果您回去後覺得不合適，再來找我們的話，更是浪費您的時間。我必須告訴您，這是兩隻鞋，它們在皮質、尺碼、款式都是相同的，只是顏色稍微有一些差別，但不仔細看是看不出來的。出現這樣的情況是因為以前的顧客弄錯了，各拿走了兩雙鞋的其中一隻，所以這並不是一雙鞋。我們每售出一雙鞋，決不留任何隱患，如果您知道真相不想買了，我們也不會說什麼，我們要做的只是誠實。」

這樣真摯的話感動了法國人，知道真相後她不僅沒有後悔，反而更想買這兩隻鞋了。而且除了這兩隻鞋外，她還購買了另外兩雙鞋。周圍都是賣鞋的商店，但她毫不猶豫地就在這一家商店裡買了三雙鞋。不僅如此，以後每當她到美國出差的時候，都要抽空到這個商店裡買幾雙鞋。而且從來不在其他的商店門口徘徊，總是直接來到這家商店。如果是沒有頭腦的生意人，遇到這種情況必定是把「兩隻」說成「一雙」蒙混過關，他們只會考慮眼前的利益，殊不知這樣做實際上是降低了他們工作的效益。

做任何事都要做長遠考慮，眼前的利益只能讓你得到一時的好處，你喪失的將是那些可能給你帶來巨大好處的潛在價值。商店的工作人員以維護顧客的利益和珍惜顧客的時間為出發點，不僅獲得了顧客的心，同時也沒有浪費自己的時間，這是一個雙贏的策略。這種策略在今天的商業活動中其實非常普及，總歸就是一句話：「真誠可以感動每一個人。」要知道，為別人考慮，別人也會為你考慮，這是相輔相成的。

四、嚴謹的工作態度

有一天，美國某間汽車公司的客戶服務部門收到一封客戶抱怨信，上面是這樣寫的：「這是我為了同一件事第二次寫信給你，我不會怪你們為什麼沒有回信給我，因為我也覺得我這樣做別人肯定會認為我瘋了，但這的確是一個事實。每當我買了香草口味的霜淇淋時，貴公司的車子就發不動，但如果我買的是其他的口味，車子就發動得很順利。我要讓你知道，我對這件事情是非常認真的，儘管這個問題聽起來很愚蠢。但為什麼這部車當我買了香草霜淇淋時它就發不動，而我不管什麼時候買其他口味的霜淇淋，它就生龍活虎？為什麼？為什麼？我想知道為什麼？」

事實上汽車公司的總經理對這封信還真的是心存懷疑，但是服務至上，他還是派了一位工程師去查看究竟。當工程師找到這位客戶的時候，很驚訝的發現這封信是出自於一位事業成功、樂觀且受了高等教育的人。

工程師與這位客戶見面後，便往霜淇淋店開去，當買好香草霜淇淋回到車上後，車子果然發不動了，這位工程師之後又依約連續來了三個晚上。第一晚，巧克力霜淇淋，車子沒事；第二晚，草莓霜淇淋，車子也沒事；第三晚，香草霜淇淋，車子發不動。

這位講究邏輯思考的工程師，根本不相信客戶的車子對香草過敏。他把這個情況如實的彙報給公司，公司總經理也百思不得其解，但又想不出解決的辦法，怎麼辦呢？

這位工程師仍然不放棄，並繼續安排相同的行程，希望能夠將這個問題解決。他開始記下從過去到現在所發生的種種詳細資料，例如車子故障時間、車子使用油的種類、車子開出及開回的時間，根據資料顯示他有了一個結論——因為這位仁兄買香草霜淇淋所花的時間比其他口味的要少。

為什麼呢？原因是出在這家霜淇淋店的內部設置的問題。因為，香草霜淇淋是所有霜淇淋口味中最暢銷的口味，店家為了讓顧客每次都能很快的拿取，而將香草口味特別分開陳列在單獨的冰櫃，並將冰櫃放置在店的前端，至於其他口味則放置在距離收銀台較遠的後端。

現在，工程師所要知道的疑問是，為什麼這部車會因為從熄火到重新啟動的時間較短時就會發不動？原因很清楚，絕對不是因為香草霜淇淋的關係，工程師很快地由心中浮現出答案應該是「蒸氣鎖」。因為當這位客戶買其他口味時，由於時間較久，引擎有足夠的時間散熱，重新發動時就沒有太大的問題，但是買香草口味時，由於花的時間較短，引擎太熱以至於還無法讓「蒸氣鎖」有足夠的散熱時間。

問題的癥結點就在一個小小的「蒸氣鎖」上，這是一個很小的細節，而且這個細節被細心的工程師所發現。這裡有正反二個層面的教訓，一方面，廠家在「蒸氣鎖」這個細節沒有注意，導致了產品出現這種奇怪的故障；另一方面，汽車公司的工程師因為注重細節、謹慎小心分析，最後終於找出了故障的原因。這兩個教訓，都揭示了這樣一個事實：細節的問題實際上是態度的問題，具有嚴謹工作態度的人，不但能夠發現細節、解決細節還能夠做好細節，在細節上致勝。

【智慧語錄】

有人說：「細節構成習慣，習慣造就個性，個性決定命運。」訓練有素的人才能構成訓練有素的團隊，訓練有素的團隊才能有訓練有素的企業，訓練有素的企業才能構築企業成功的基礎。所以，細節管理才能造就個人的成功，細節管理才能造就企業的成功。

細節來自對小事的訓練

從小事中反覆要求自己，訓練自己把事情做到位、做到好，並修正自己的陋習，培養出良好的工作習慣，那成功將不再是遙不可及。

關注你工作時的細節

人生是由無數個細節構成的，在工作中關注細節，會使你的事業之路一帆風順。一個人如果能養成注重細節、謹慎細心的工作習慣，那他也就握住了成功的脈搏。

很多人對細節視若無睹，並堂而皇之地美其名曰「不拘小節」，還有人把「隨便散漫」當做「隨和浪漫」。他們不注重自己的個人形象，衣服髒兮兮、頭髮油膩膩。他們不關心辦公桌上堆積如山的文件和資料，更不會想到報告中的標點符號是不是用對了。「這些都是小問題，沒有什麼大不了！」對細節無所謂的人總是這樣想、這樣做。

在工作中關注細節，是非常必要的，如果桌子上堆滿了信件、報告、備忘錄之類的東西，或許你不會覺得有什麼嚴重後果，但這種現象足以使人產生混亂、緊張和焦慮的感覺。更糟的是，它會讓你覺得自己有無數件事要做，可根本沒時間做，也根本做不完。這種情緒久而久之會使你患上高血壓、心臟病和胃潰瘍。

芝加哥和西北鐵路公司的董事長羅西・威廉斯說：「一個辦公桌上堆滿了資料的人，若能把他的桌子清理一下，只留下手邊待處理的事務，就會發現他的工作會更容易也更實在。我把這種清理叫做料理家務，這是提高效率的第一步。」當然，關注細節，並不是讓你圍著枝枝節節的小事忙得暈頭轉向。

任何事情都是這樣，把細節做好，最好的辦法就是對小事進行訓練，變成習慣。在《曾國藩家書》中，有「書蔬魚豬，早掃考寶」這麼一句話，說的是讀書、種蔬菜、養魚、養豬這樣的小事情也要經常訓練，心裡才能踏實。在體育比賽中，我們經常看到有些人之所以取得冠軍，就在於那麼微小的一個動作，而這個動作卻是運動員長期訓練的結果。因此，我們無論在做什麼事情，都應該注重對小事的鍛鍊。

從細節中，可看出你的工作態度

職場青睞關注細節的人，因為這關係到一個人的工作態度，甚至是素質、修養等一系列的問題，所以對於那些求職或剛跨出校門的年輕人，一定不要忽略細節的威力，以免未來在求職時，給企業留下了不好的印象。

那麼，我們應該從哪些方面入手，將細節看得更清呢？

一、不要忽略細節的威力

有一批應屆畢業生二十二個人，實習時被導師帶到國家某部委實驗室裡參觀。全體學生坐在會議室裡等待部長的到來，這時秘書給大家倒水，同學們表情木然地看著她忙著，其中一個學生還問了句：「有冰綠茶嗎？天氣太熱了。」秘書回答說：「抱歉，冰塊剛剛用完了。」有一位名叫陳輝的學生看了有點彆扭，心裡嘀咕：「人家給你倒水還挑三揀四的。」當秘書輪到替陳輝倒水時，陳輝輕聲說：「謝謝，辛苦您了。」秘書抬頭看了他一眼，雖然這是很普通的客套話，卻是她今天聽到的唯一一句。

門開了，部長走進來和大家打招呼，不知怎麼回事，靜悄悄的沒有一個人回應。陳輝左右看了看，猶猶豫豫地鼓了幾下掌，同學們這才稀稀落落地跟著拍手，由於掌聲不齊，越拍越顯得零亂。部長揮了揮手說：「歡迎同學們到這裡來參觀，平時這些事一般都是由其他人負責接待，但因為我和你們的導師是非常要好的老同學，所以這次我親自來給大家介紹這裡，我看同學們好像都沒有帶筆記本，這樣吧杜秘書，請妳去拿一些我們部裡印的紀念手冊，送給同學們作紀念。」

接下來，更尷尬的事情發生了，大家都坐在那裡，很隨意地用一隻手接過部長雙手遞過來的手冊。部長臉色越來越難看，走到陳輝面前時，已經快沒有耐心了。就在這時，陳輝禮貌地站起來，身體微傾，雙手接住手冊恭敬地說了一聲：「謝謝您。」部長聞聽此言，不覺眼前一亮，伸手拍了拍馬輝的肩膀：「你叫什麼名字？」陳輝從容作答，部長微笑點頭回到自己的座位上，導師看到此景，微微鬆了一口氣。

終於兩個月後實習結束畢業了，校方統計每個人的職業去向，這時學生們發現陳輝的去向欄裡赫然寫著該部委實驗室。有幾位頗感不滿的同學找到導師，抱怨道：「陳輝的實習成績最多算中等，憑什麼選他而沒選我們？」導師看了看這幾位學生不滿的臉，笑道：「陳輝是人家點名來要的，其實你們的機會完全一樣，你們的成績甚至比陳輝還要好，但是除了學習之外，你們需要學的東西太多了，修養是第一課。」

可見，小事體現大品質，陳輝的成功看似是很微小的細節，但其中卻能展現出一個人的綜合素質和修養，無怪乎被部長欽點。其實，在面試時對於招聘的單位來說，他們不僅僅要考慮應聘者的專業素質，還要全面考察應聘者的人格和品質。

二、關注身邊的每個小事

劉強拿著自己公開發表的十幾萬文字作品滿街尋找工作，因為文憑太低又不善言辭，因此不斷地碰壁。終於，一家廣告公司通知他前往應試，筆試中，他從幾十名應聘者中脫穎而出。最後總經理面試，在等待的過程中，他不由得自卑起來。因為總經理並非想像的那麼嚴肅，挺年輕的，三十多歲，很友善。

總經理讓他坐下後，問道：「如果你進入廣告圈，該從何做起呢？」

「做人。」他不假思索地回答。

「以前看過一些廣告方面的書嗎？」

「看過。」

「廣告界前輩衛斯理的作品如何？」

他從腦海中苦苦地思索了一會，奧格威、貝拉……就是沒有衛斯理這個前輩的印象。他只好回答：「這個前輩的作品我沒能讀過。」接下來的許多問題他雖都有似曾相識的印象，但就是不知怎麼具體回答，只好千篇一律地回答：「不知道。」

面試結束後，劉強自覺表現不佳，認為根本不可能被錄取，於是第二天，他背起行李準備浪跡天涯，在去車站的途中，總經理給他打了電話：「你已經被公司正式聘用，請你三日之內到公司報到。」

後來，在一起閒聊時，他問總經理：「當初面試時，你問我的許多問題我都回答不上來，為何你還錄用我？」

總經理微笑著對他說：「你的才華從筆試中我已充分感觸到，但你的為人我卻不瞭解。其實我問的許多問題都是假的，我期望最好的答案是不知道，這就是誠實，我不需要不切實際，只會高談闊論的人在我身邊。」

如此看來，這面試中的學問可謂大矣，你既要關注自己身邊的一切小事，做好每一個細節，又要不放過每一個可以展現自己的大好機會。此外，具有一個誠實可信的品質——敢於說真話，也會讓你在面試中獲得意外的驚喜。

看起來，在求職面試中，應聘者並不是一個完全被動者，雖然看似招聘單位佔據著主導優勢，但是在一個短短的面試當中，即使一個小動作、一句話語，也會讓主考官眼前一亮，成為面試者反敗為勝的絕佳機遇。因此說，面試中並無技巧可言，有的只是你的細心、你的態度和你的為人。

【智慧語錄】

卡內基曾說過：「不要害怕把精力投入到似乎很不顯眼的工作上。每次你完成這樣一件小工作，它都會使你變得更強大，如果你把這些小工作做好了，大的工作往往就迎刃而解了。」

看似不起眼的小事，如果你把它做漂亮了，也許就是決定你命運的一個契機。

細節，決定你3年後的成敗

作　　者　孫大為

發 行 人　林敬彬
主　　編　楊安瑜
編　　輯　廖詠如
內頁編排　于長煦
封面設計　張慧敏

出　　版　大都會文化事業有限公司　行政院新聞局北市業字第89號
發　　行　大都會文化事業有限公司
11051台北市信義區基隆路一段432號4樓之9
讀者服務專線：(02)27235216
讀者服務傳真：(02)27235220
電子郵件信箱：metro@ms21.hinet.net
網　　　址：www.metrobook.com.tw

郵政劃撥　14050529 大都會文化事業有限公司
出版日期　2012年7月初版一刷
定　　價　250元
ISBN　978-986-6152-48-1
書　　號　Success-056

First published in Taiwan in 2012 by Metropolitan Culture Enterprise Co., Ltd.
4F-9, Double Hero Bldg., 432, Keelung Rd., Sec. 1, Taipei 11051, Taiwan
Tel:+886-2-2723-5216　Fax:+886-2-2723-5220
E-mail:metro@ms21.hinet.net
Web-site: www.metrobook.com.tw

國家圖書館出版品預行編目資料

細節，決定你3年後的成敗 / 孫大為著. -- 初版. --
臺北市，大都會文化, 2012. 07
256 面 ; 14.8×21 公分. -- (Success-56)

ISBN 978-986-6152-48-1（平裝）

1.職場成功法

494.35　　101011195

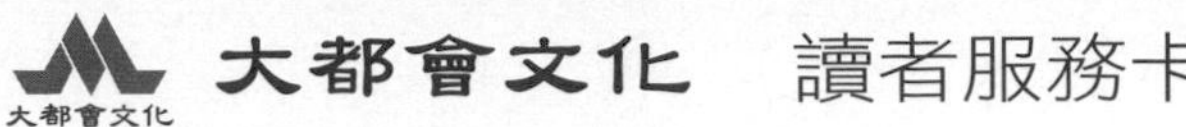

書名：**細節，決定你3年後的成敗**

謝謝您選擇了這本書！期待您的支持與建議，讓我們能有更多聯繫與互動的機會。

A. 您在何時購得本書：_____年_____月_____日

B. 您在何處購得本書：__________書店，位於__________(市、縣)

C. 您從哪裡得知本書的消息：

1.□書店 2.□報章雜誌 3.□電台活動 4.□網路資訊

5.□書籤宣傳品等 6.□親友介紹 7.□書評 8.□其他

D. 您購買本書的動機：（可複選）

1.□對主題或內容感興趣 2.□工作需要 3.□生活需要

4.□自我進修 5.□內容為流行熱門話題 6.□其他

E. 您最喜歡本書的：（可複選）

1.□內容題材 2.□字體大小 3.□翻譯文筆 4.□封面 5.□編排方式 6.□其他

F. 您認為本書的封面：1.□非常出色 2.□普通 3.□毫不起眼 4.□其他

G. 您認為本書的編排：1.□非常出色 2.□普通 3.□毫不起眼 4.□其他

H. 您通常以哪些方式購書：(可複選)

1.□逛書店 2.□書展 3.□劃撥郵購 4.□團體訂購 5.□網路購書 6.□其他

I. 您希望我們出版哪類書籍：（可複選）

1.□旅遊 2.□流行文化 3.□生活休閒 4.□美容保養 5.□散文小品

6.□科學新知 7.□藝術音樂 8.□致富理財 9.□工商企管 10.□科幻推理

11.□史哲類 12.□勵志傳記 13.□電影小說 14.□語言學習（____語）

15.□幽默諧趣 16.□其他

J. 您對本書(系)的建議：

____

K. 您對本出版社的建議：

____

讀者小檔案

姓名：______________ 性別：□男 □女 生日：____年____月____日

年齡：□20歲以下 □21～30歲 □31～40歲 □41～50歲 □51歲以上

職業：1.□學生 2.□軍公教 3.□大眾傳播 4.□服務業 5.□金融業 6.□製造業

7.□資訊業 8.□自由業 9.□家管 10.□退休 11.□其他

學歷：□國小或以下 □國中 □高中／高職 □大學／大專 □研究所以上

通訊地址：______________________________

電話：（H）______________（O）______________ 傳真：______________

行動電話：______________E-Mail：______________

◎謝謝您購買本書，也歡迎您加入我們的會員，請上大都會文化網站 www.metrobook.com.tw 登錄您的資料。您將不定期收到最新圖書優惠資訊和電子報。

細節決定你3年後的成敗

北區郵政管理局
登記證北台字第9125號
免貼郵票

大都會文化事業有限公司

讀者服務部　收

11051台北市基隆路一段432號4樓之9

寄回這張服務卡〔免貼郵票〕
您可以：
◎不定期收到最新出版訊息
◎參加各項回饋優惠活動

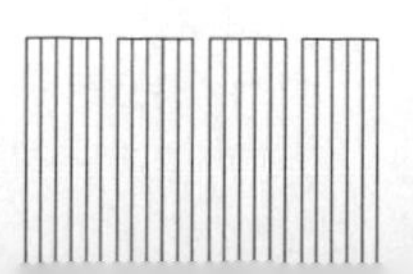

大都會文化
METROPOLITAN CULTURE

大都會文化
METROPOLITAN CULTURE

大都會文化
METROPOLITAN CULTURE

大都會文化
METROPOLITAN CULTURE